生物
大惊奇

SHENGWU DA JINGQI

[韩]尹素瑛 著
[韩]金成渊 绘
李奉熹 译

接力出版社
Publishing House

你喜欢电影吗？

我非常喜欢小时候看过的音乐电影《音乐之声》。

我还把《哆来咪》的歌词记下来歌唱。每次我听到主人公唱那首《我最喜爱的东西》时，总觉得心里痒痒的。

Raindrops on roses and whiskers on kittens
玫瑰上的雨滴和小猫的胡须
Bright copper kettles and warm woolen mittens
闪亮的铜壶和温暖的羊毛手套
Brown paper packages tied up with strings
棕色的纸盒用绳子缠绕
These are a few of my favorite things
这些都是我最喜爱的东西

明白歌词的意思之后，我曾感叹："天哪，这些东西也是我很喜欢的东西呢！"

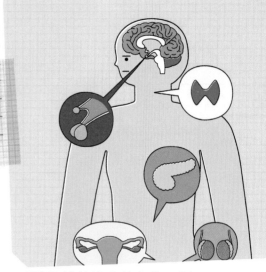

　　我想起，去往姑妈家的小路上遇到的萤火虫，后院里绽放的小萝卜花，握在手心里的小鸡那跳动的心脏，还有松树上散发的清香，以及天空中那悠闲盘旋的黑鸢的翅膀。

　　我发现，我最喜欢的是生命。美国生物学家爱德华·威尔逊说过，人类天生就有亲近大自然的倾向。生命拥有吸引我们内心的力量。所以当我们喜欢上某一件东西时，就算它本没有生命，也会感觉像赋予了它生命，就像我们常常会和心爱的玩偶或游戏中的角色对话一样。

　　我很长一段时间都在学习生命科学，越是深入了解就越觉得生命很神秘，了解得越多，就越有意思，也会更加珍惜生命。我希望看到这本书的读者可以更亲近生命科学，更加热爱生命。

尹소영（尹素瑛）

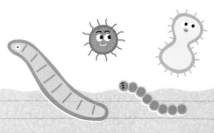

发现令人惊奇的科学奥秘

生物很难吗？
通过我们身边的
生物现象来轻松
学习吧！

与义务教育科学、生物
课程标准相关联。
按照主题分章，轻松
建立学科自信！

葡萄为什么会在胃里变多呢？

上周末，我们全家人一起去了葡萄农场。
我们从葡萄藤上摘葡萄，
并在一旁的桌子上享用了这些美味的葡萄。
意外发生在坐车回家的路上。
路上很颠簸，我的胃越来越难受。
我让他们把车停了下来，
然后跑到草丛中吐了。
奇怪的是，吐出来的东西好像比我实际吃的葡萄还要多。
进到胃里的葡萄为什么会变多呢？

你有小型收音机吗？

我们来做个实验，就是在播放声音的状态下用牙轻轻咬收音机再松开。如果没有小型收音机也没关系，可以用手机。声音不用放得太大，牙也不用咬得太紧。

然后在同一个位置上，比较一下咬时和不咬时听到的声音。

怎么样？咬着的时候声音是不是听起来更大？

这是因为声音除了通过耳朵传导，还会通过下颌传导。骨传导耳机就是通过头部和脸部的骨骼传导声音，从而让人听到声音的。

科学小实验

在家就可以做的
科学小实验
藏在书的各个角落哟！

47

4

重要的内容用**波浪线**标注，清晰明了！

用**图解**和**插画**对生物原理进行解释说明，让你一看就懂，轻松掌握！

通过整理核心内容的**重点笔记**，学会归纳总结，从此与生物亲密起来！

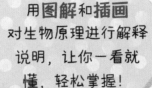

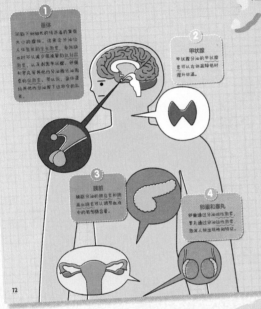

分泌激素的地方有哪些？

分泌汗液或消化液的腺体为**外分泌腺**，分泌激素的腺体为**内分泌腺**。我们的体内有垂体、甲状腺、胰脏、卵巢和睾丸等内分泌腺。

① 垂体

② 甲状腺

③ 胰脏

④ 卵巢和睾丸

重点笔记

人们按照自己的意向改良生物的性状的过程叫作人工选择。自然界生物适者生存，不适者被淘汰的现象叫作自然选择。

惊奇问答 **来找一找囊鼠的特征！**

北美洲的某个沙漠中生活着许多亮褐色的囊鼠，某个区域覆盖着很久之前流出的玄武岩岩浆。那么住在这个区域的囊鼠会有什么样的特征呢？

① 体形更大 ② 皮毛显暗色的 ③ 指甲更尖

通过激发好奇心和想象力的"惊奇问答"，互动测试，拓宽生物知识面！

答案 2

玄武岩是黑色或深灰色的，因此住在这里的囊鼠会因自然环境改变皮毛的颜色。

目录

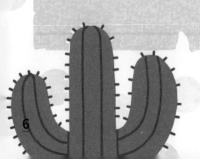

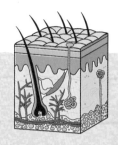

你听说过发呆大赛吗？

神经系统

义务教育科学课程标准
人体由多个系统组成

义务教育生物课程标准
人体各系统共同完成生命活动

天哪，竟然还有发呆大赛这种比赛！

获胜者中还有小学生、初中生。

如果只是比赛发呆的话，我也有信心赢。

所以我告诉妈妈我下次也要参加发呆大赛。

妈妈说那肯定很有意思，

要陪我一起练习。

但是发呆可没有想象中那么容易呢。

不能看手机，不能打盹儿，更不能睡着，

笑或者说话、唱歌、跳舞都会被淘汰。

不一会儿，我就坚持不下去了。

发呆和心跳之间的关系？

发呆大赛始于 2014 年，人们曾提出过这样一个问题："什么都不做不是在浪费时间吗？"

举办方说发呆不是在浪费时间，而是一种奢侈的享受。

发呆大赛的获胜者是心跳最平稳的人，这意味着发呆和心跳之间是有关系的。

在大脑处于毫无想法的休息状态时，心跳就会变得平稳，大脑和我们的心脏之间有紧密的联系。

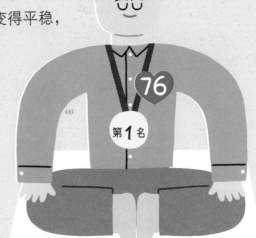

发呆是一种奢侈的享受！

这个世界上速度最快、性能最好的电脑是什么呢？

我们每个人都拥有这样一台电脑，还是个软绵绵的"电脑"哟。

颅骨内的脑是一个做着复杂工作的"电脑"。

来，你来想想！"想什么？"如果你会这样想，说明你动用了脑。脑不仅仅会进行复杂的思考，看东西、听声音、尝味道、闻气味、感知物体也都是脑要做的事情。

呼吸、心跳、温暖身体、维持生命也是脑的事情。脑非常复杂，能做的事情可谓无穷无尽。所以即使是厉害的脑科学家，也无法完全知道脑是怎么工作的。

脑能做的事情可谓无穷无尽哟！

没有脑会怎么样？

没有脑，我们就无法看到家人或朋友的脸，也听不到任何声音，感受不到开心与难过，也无法记得任何事情，更不知道自己是谁。

长得像怪物的神经元

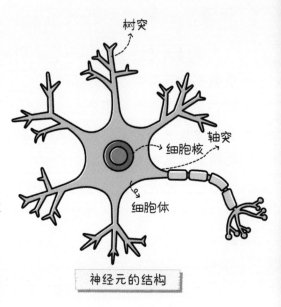

神经元的结构

脑可以做各种各样的事情是因为有**神经元**（**亦称神经细胞**）。

人体由近100万亿个细胞组成，其中神经元超过1000亿个，在人脑中的数量是最多的。大部分神经元很长，而且很特别。有些神经元上有很多触手，并长有细长的躯干和像触手的脚。也有一些是在细长的躯干中间长出了脑袋，并在躯干两边伸出触手。

神经连接起人脑和脊髓以及人体其他部分，是用来传递信息的。人脑和脊髓组成中枢神经系统。大脑、小脑、间脑、脑干（包括中脑、脑桥和延髓）四部分一起构成了脑。而自脑部下侧延伸到脊椎深处的是脊髓。

我们通过神经系统可以快速地了解周围发生的事，并做出相应的反应。

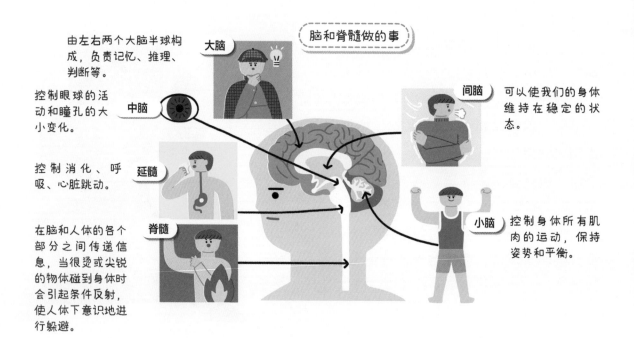

脑和脊髓做的事

大脑 由左右两个大脑半球构成，负责记忆、推理、判断等。

中脑 控制眼球的活动和瞳孔的大小变化。

延髓 控制消化、呼吸、心脏跳动。

脊髓 在脑和人体的各个部分之间传递信息，当很烫或尖锐的物体碰到身体时会引起条件反射，使人体下意识地进行躲避。

间脑 可以使我们的身体维持在稳定的状态。

小脑 控制身体所有肌肉的运动，保持姿势和平衡。

如何传递信号呢?

神经细胞会不断地给人体各处传递信号。**神经信号**在人体内移动，其速度快得就像高速列车一样。比如，我们认出朋友的脸并向朋友招手只需要不到1秒钟的时间。不过这么简单的事情也需要依靠无数个神经细胞的神经信号才能完成。

在一个神经细胞内，电信号会从一端传递到另一端。据说，神经可以在几毫秒（1毫秒 =1/1000 秒）内将电信号传递到全身。但是一个神经细胞把信号传递给下一个神经细胞是通过化学物质来传递的。

这种化学物质就是**神经递质**。

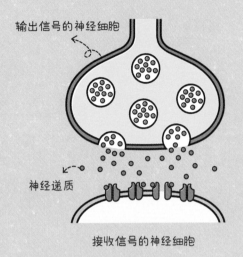

输出信号的神经细胞

神经递质

接收信号的神经细胞

重点笔记

中枢神经系统是由脑和脊髓构成的。人脑可以依靠神经细胞做很多事情。神经细胞通过神经递质将神经信号输送到全身来传递信息。

· **惊奇问答** ·

人体内最长的细胞是什么?

人体内最长的细胞是神经细胞。那么，它到底有多长呢?

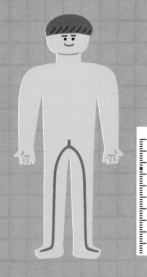

① 细胞小到无法用肉眼看出来，所以是1毫米的1%。

② 既然说神经细胞很长，那怎么也得有1毫米。

③ 比这个更长一点儿，是1厘米。

④ 至少10厘米才能叫长吧。

⑤ 怎么也得达到1米吧。

答案: 5

人体内最长的神经细胞从脊髓延伸到脚趾，长度超过1米。但是因为太细了，所以无法用肉眼看出来。

为什么吃巧克力会让人心情愉悦？

义务教育科学课程标准
人体通过一定的调节机制保持稳态

义务教育生物课程标准
人体各系统共同完成生命活动

神经递质

撕开包装纸时巧克力散发出浓浓的香味，

光想象一下就很开心呢。

那微带苦涩又甜腻的味道真是让人无法自拔！

我觉得可以掰成一块一块的板状巧克力很好吃，

做成球形的巧克力也不错，

裹在饼干或坚果上的巧克力也很棒，

不过我最喜欢的是巧克力蛋糕。

就算吃完一碗饭、喝完一碗汤后，

我还可以再吃下一大块巧克力蛋糕呢。

但是，为什么一吃巧克力，

心情就会变得愉悦呢？

巧克力是由什么做成的?

甜腻、微苦,在嘴里慢慢熔化的巧克力是由什么做成的呢?

想要知道巧克力里面放了什么,就需要先了解什么是可可。

可可本来是热带地区生长的一种树的名字,但它的果实和种子也被人们叫作可可,也有人把可可的种子叫作可可豆,但是可可树不是豆科植物,所以叫可可豆是不合适的。

不管怎么样,巧克力就是将炒熟的可可种子磨成粉,再加入糖、牛奶等制成的。可可种子经过破碎,去除油脂,再磨成粉,得到的就是可可粉了。

可可

可可英文名cacao,它生长在热带地区,在中国的海南、云南都有栽培。

巧克力的原料是我——可可!

现在知道巧克力为什么是甜甜的了吧?

因为巧克力中加了糖!

吃完巧克力感觉全身充满力量,就和喝完糖水充满力量是一样的道理。糖分会被人体快速地吸收,为我们的身体提供所需的能量。

原来是因为巧克力里的糖!

我感到自己浑身充满力量!

吃巧克力后心情愉悦是因为有了力气吗？

这么说倒也没错，饿了肯定心情不好啊！

但是也有其他的原因，吃巧克力是可以缓解压力的。

某位科学家曾让 30 名试验者每天吃 40 克的黑巧克力，连续吃两个星期，随后采集他们的血液和尿液进行成分分析。结果显示，自从开始吃巧克力后，试验者的压力激素有所减少，到了两周之后压力激素减少到平常值的一半以下。

这是因为巧克力可以刺激大脑产生很多让人心情愉快的物质。辣的食物也有和巧克力一样的作用，但是要小心，吃太辣的食物容易拉肚子，可能会使压力更大呢。

喜欢一个人就会觉得对方很漂亮或很帅气？

当我们非常喜欢一个人的时候，会觉得那个人的一切都很美好，就连对方的那些小缺点都那么可爱。

这是因为大脑会分泌一种**神经递质——苯乙胺**。我们已经知道人体的神经系统是由叫作神经细胞的特殊细胞组成的，这些神经细胞会释放神经递质来传递信息给邻近的神经细胞或肌肉。

苯乙胺被称为"爱情物质"，它会让人失去理性思考的能力。而巧克力中含有大量苯乙胺。虽说吃巧克力并不会使苯乙胺直接进入大脑，但给喜欢的人送巧克力不得不说是一个神奇的巧合呢。

物质支配感情让你觉得心情不好？

但这是事实，没办法。

抑郁症这类病的患者可以通过药物进行治疗。如果人体中的**血清素**等神经递质的分泌量减少，就有可能诱发抑郁症。因为血清素这种物质可以让人快乐。

所以，医生会给抑郁症患者开一些可以促进血清素等神经递质分泌的药物。如果你想让自己高兴一点儿，可以试着吃些巧克力，心情会变得愉悦哟。

不过巧克力是高热量食物，不能吃太多。

血清素
血清素
血清素

神经细胞通过释放神经递质给邻近的神经细胞或肌肉传递信息。肾上腺素和血清素等神经递质会影响人的情绪。这些物质要是分泌过少可能会使人得病。

重点笔记

肾上腺素骤升时，身体会发生什么变化？

与苯乙胺完全不同，当我们打架或逃跑时，身体会分泌一种叫肾上腺素的神经递质。想一想，当肾上腺素骤升的时候，下面哪件事不会发生呢？

① 瞳孔变大。
② 心脏跳动加快。
③ 消化更好。

答案：3

打架或逃跑时我们会感觉口干舌燥，消化不好。那是因为消化器官的血液跑到心脏、大脑和肌肉上了，这有助于人体发力。

哎呀，我的肚子！

葡萄为什么会在胃里变多呢？

消化器官

义务教育科学课程标准
人体由多个系统组成

义务教育生物课程标准
人体的消化系统

上周末，我们全家人一起去了葡萄农场。

我们从葡萄藤上摘葡萄，

并在一旁的桌子上享用了这些美味的葡萄。

意外发生在坐车回家的路上。

路上很堵，我的胃越来越难受。

我让他们把车停了下来，

然后跑到草丛中吐了。

奇怪的是，吐出来的东西好像比我实际吃的葡萄还要多。

进到胃里的葡萄为什么会变多呢？

为什么会这么多？为什么会这么黏？

"啊？为什么会吐个不停呢？我吃了这么多吗？"

人们在呕吐的时候可能会这样想，其实这都是有原因的。

吃完葡萄后的呕吐物中，除了没消化的葡萄之外，还有其他物质混在里面。主要是胃分泌的消化液——**胃液**，以及黏着在胃表面，对胃有保护作用的**黏液**。

胃是负责消化的器官，强酸性的胃液可以将蛋白质分解。问题是形成胃壁的肌肉也属于蛋白质呀！万一胃液把胃壁分解，在胃上"烧"出一个洞就麻烦了！这种事情是不会发生的，胃的表面被黏糊糊的黏液覆盖着，形成了一个保护层。

但是人在呕吐的时候，胃壁受到了刺激，分泌出比平时更多的黏液，结果就会吐出来很多黏糊糊的物质。

此外，呕吐还会刺激口腔分泌更多的唾液，所以吐出来的物质会更多。

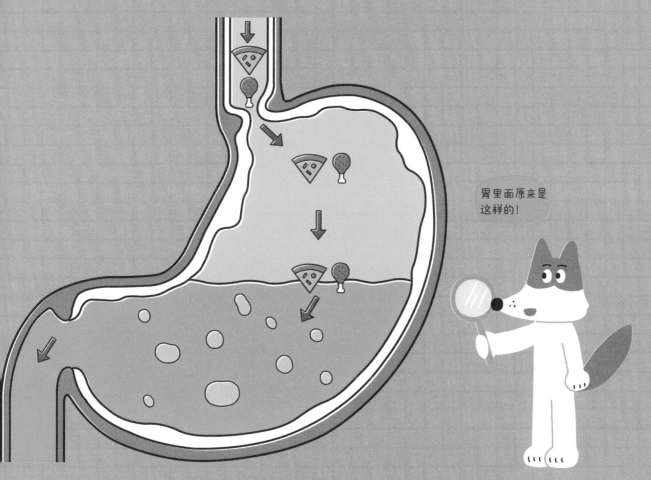

胃里面原来是这样的！

呕吐的原因有好多种

　　人在吃了腐坏的食物或有毒物质时，或因为晕车、游乐设施晕动症等导致神经系统处于混乱之中，又或者因为恶心的气味或场面而感到难受时，还有吃得太多或喝得太多时都可能会呕吐。

　　其实这都是身体为了保护自己才会有的反应。所以说呕吐并不一定是一件坏事。

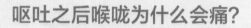

哇哇！

呕吐其实是身体在保护自己！

呕吐之后喉咙为什么会痛？

　　呕吐之后我们会感到喉咙痛、嘴里火辣辣的，这是因为胃液里含有酸性物质。胃液中的盐酸可以消灭有害细菌，并促进消化。盐酸强大到可以溶化金属，但是和胃液的其他成分以及食物混合在一起时，就没有那么危险了。

　　不过，经常性的呕吐会刺激并灼伤食道、咽喉，甚至嘴和鼻子。所以，如果不是吞下了危险的物质，故意呕吐是不可取的。

胃要翻个儿了怎么办？

　　不要担心，无论呕吐得如何严重，胃也不会颠倒过来的。

　　在我们呕吐的过程中，内脏器官是不会杂乱无章地混在一起或翻倒过来的。那么平时，也就是不呕吐的时候，作为消化器官的胃在做些什么呢？

化学性消化和机械性消化

消化器官的工作可以分为两种——化学性消化和机械性消化。**化学性消化**指的是像胃液这种消化液把食物中的大分子分解为小分子的过程。蛋白质、淀粉、脂肪等大分子是无法被人体直接吸收的。

我们需要利用消化液中的化学物质对它们进行分解，变成小分子后才能被人体所利用。胃壁上有数百万个小孔，这些小孔会在需要时喷出胃液。

胃是可以喷出化学物质的"机器"，听起来是不是很酷呢？

机械性消化指胃将食物磨碎，使其与消化液混合，便于进行化学性消化。胃是由许多可运动的肌肉组成的牢固机器。这些肌肉会不断地对食物进行搅拌、研磨来实现机械性消化。

因肠胃弱导致消化不良、经常拉肚子的人，最好在吃东西的时候保持细嚼慢咽的习惯，这样才能让胃少一些负担！

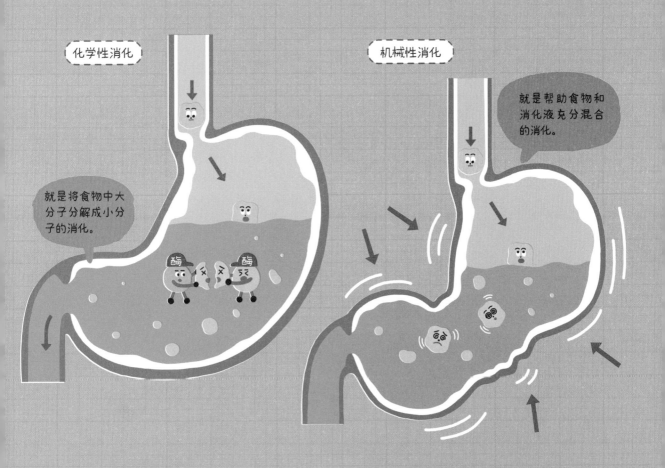

化学性消化

就是将食物中大分子分解成小分子的消化。

机械性消化

就是帮助食物和消化液充分混合的消化。

婴儿都是吐吐王？

其实，我们每个人都有过频繁呕吐的经历，那就是在我们还是婴儿的时候。

人类的胃就像"J"字形弯曲的口袋。食物会从食道通过胃的入口——贲门部位的环形肌肉进入胃内。这种环形肌肉是可以勒紧入口的括约肌，防止胃里的食物涌到食道。将食物送往小肠时经过的幽门也有同样的括约肌。但是婴儿的食道很短，胃也没有那么弯，括约肌还没有发育完全。所以稍微吃多点或喝奶时咽下了空气就容易吐出来。

我们在婴儿期时会一天或两天吐一次。所以需要有人一直照顾我们，帮我们清理呕吐物。想想这都是因为爱啊……

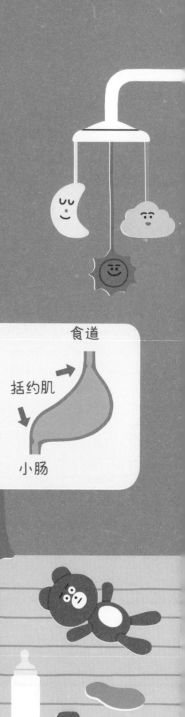

胃是由肌肉组成的"J"字形消化器官。消化分为有消化液作用的化学性消化，以及磨碎食物并使其和消化液混合的机械性消化。胃液是强酸性的，它可以分解蛋白质，而黏液会保护胃不受胃液的伤害。

惊奇问答 · 肚子发出的咕噜噜的声音到底是怎么来的呢？

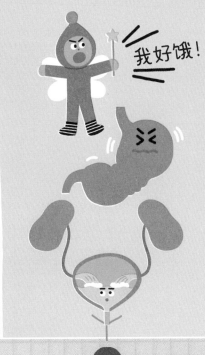

我好饿！

1 肚子里的精灵太饿了，在大喊大叫。

2 胃部肌肉蠕动发出的声音。

3 人体内的尿液流动的声音。

咕噜噜！   空气

答案：2

　　胃部肌肉一边蠕动一边通过幽门把食物送到小肠，这时候就会发出咕噜噜的声音，而且胃里越空，声音就会越大。

鼻孔里都有什么？

鼻子

义务教育科学课程标准
人体由多个系统组成

义务教育生物课程标准
人体的呼吸系统

不知道为什么，我特别喜欢挖鼻屎。

鼻孔里有鼻屎的话就会感觉很憋闷，

迫不及待地想挖出来。

躺在床上要睡觉的时候，

把鼻屎挖出来，滚成圆圆的小球。

然后，啪！你们懂吧？

妈妈每次都会在我挖鼻屎的时候嘲笑我。

我还特别好奇，

鼻屎是什么味道，是咸咸的吗？

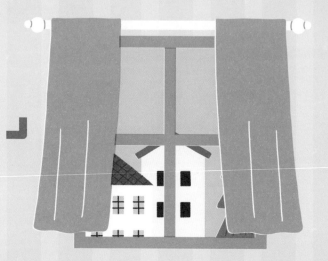

曲奇

毛毛的鼻子！

我们可以看到有些人粗黑的鼻毛乱糟糟地从鼻孔跑了出来，也有很多人会定期用小剪刀或鼻毛修剪器修剪鼻毛。

毕竟没有人会觉得鼻毛很漂亮吧。那鼻毛有什么用处呢？

其实鼻毛就像空气净化器的过滤装置，会将空气中大大小小的灰尘、花粉等东西阻挡，避免它们进入肺里。

鼻毛真是太厉害了！

过滤效果在什么时候会更好？

是鼻毛干燥的时候，还是湿润的时候呢？

当我们用湿抹布擦拭有灰尘的地方时，灰尘会被更好地擦掉。鼻子里面也在发生着类似的事情。黏黏的鼻涕会一点点地流出来附在鼻毛和鼻子里的皮肤上。

所以每次我们呼吸时，灰尘等东西会被鼻涕抓住，变成黏黏糊糊的物质。这些物质越来越多地裹在一起形成块状，慢慢就会变成鼻屎！干燥的天气会产生干燥的鼻屎，湿润的天气就会产生湿润的鼻屎。

鼻屎其实就是污染了的鼻涕聚集而成的。鼻屎里除了灰尘外还会有很多细菌，所以我们不可以吃掉它。还有，挖完鼻屎一定要把手洗干净。

啊，好黏啊。

唉，鼻子里都是灰尘和细菌啊！

鼻屎

鼻涕

鼻孔里都有什么？

鼻孔里的空间叫**鼻腔**，其实它比我们看到的要更大更复杂。

在鼻腔前侧，我们的手指可以轻易触碰到的部分叫**鼻前庭**。鼻子里竟然也有庭！竟然有这么有趣的名字！鼻前庭由皮肤覆盖，会长毛，有汗腺和皮脂腺，颜色也和皮肤一样。但是鼻前庭深处的表面覆盖着更柔软、黏糊糊的皮肤。它滑滑的，颜色还是粉红色，跟一般的皮肤不同。这柔软又黏黏的膜叫作**黏膜**。它是分泌黏液的地方。

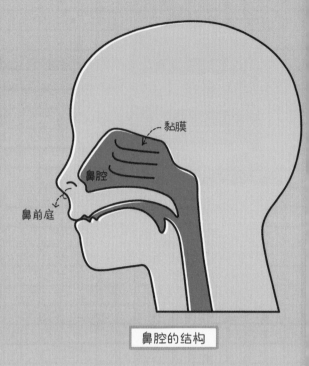

鼻腔的结构

你对黏膜感到好奇吗？

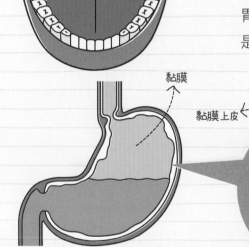

我们不需要对着鼻孔照光也可以轻松地观察到黏膜，对着镜子把嘴张大就可以了！通过镜子我们可以看到口腔的表面。我们会发现它跟其他皮肤不一样，不仅颜色、触感不一样，还没有毛。除了口腔，鼻子、胃、肠、呼吸器官内都覆盖着柔软又有弹性的膜，就是黏膜。

虽然位置不同它们会有些不同，但黏膜一般都由好几层构成。最上面那层叫**黏膜上皮**。黏膜上皮中有大量的**杯状细胞**。杯状细胞会分泌黏液，覆盖并保护黏膜上皮，让它保持湿润。嘴里的伤口很快能痊愈，也是因为有黏膜的保护。

鼻子里有"甲板"？

简单想的话，鼻腔空间是由两个又粗又短的吸管和中间的隔断构成的。

但是实际上，鼻腔壁是起伏不平的，有凸出来的部分，还有像洞穴一样凹进去的部分。凸出来的部分叫**鼻甲**，鼻子两侧各凸出来三个长得像甲板的东西，分别为上鼻甲、中鼻甲、下鼻甲。鼻腔里像洞穴一样凹进去的部分叫**鼻旁窦**。鼻旁窦共有 4 对，其中最大的是两侧脸颊里的上颌窦。

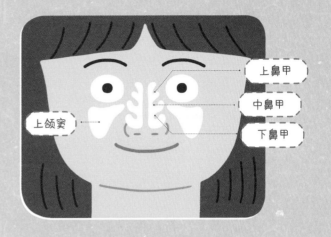

上鼻甲

中鼻甲

下鼻甲

上颌窦

鼻甲和鼻旁窦的结构

鼻甲和鼻旁窦的作用是什么？

我们吸进去的空气如果直接进入肺里，会给呼吸系统带来伤害。但是通过鼻甲和鼻旁窦所形成的复杂空间后，外部进来的冷空气会被加热，干燥的空气也会变得湿润。空气中的有害物质会被鼻腔里的黏膜拦住。

而且鼻旁窦也有利于减轻头的重量，还会在说话或唱歌的时候引起共鸣，发出更动听的声音。

我们是怎么闻到气味的？

我们能闻到气味是因为有气体物质跑进鼻子里，到达了鼻腔顶部。

鼻腔上方有嗅上皮，是接收气味信息的感受器。

拇指指甲大小的嗅上皮上分布着数千万个嗅细胞。

接收气体物质后兴奋的嗅细胞们会通过嗅球把信息传递给大脑，大脑会对接收到的信息进行分析，判断是什么气味。

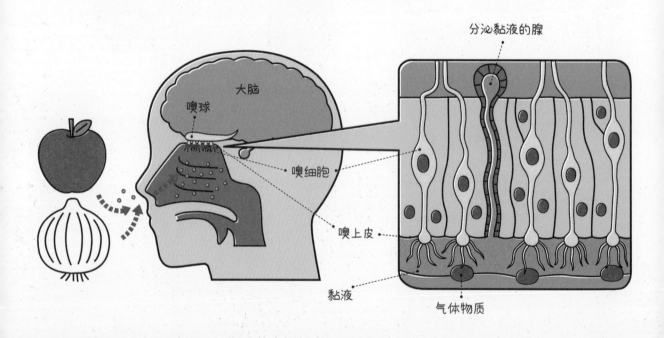

捂住眼鼻可以分辨出苹果和洋葱吗？

先把苹果和洋葱切成块状，和朋友们一起做这个实验吧。遮住眼睛，堵住鼻子，拿起苹果块或洋葱块放进嘴里，判断是苹果还是洋葱。你会发现很难判断。这是为什么呢？

我们感知的食物味道其实是由舌头所感受到的味道和鼻子所闻到的气味综合得出的。得了感冒，鼻子堵了之后，我们就尝不出食物的味道，也是因为这个。

鼻腔里覆盖着黏膜和黏液，它们会防止有害物质进入人体内。而且，鼻腔里有鼻甲和鼻窦，它们可以让空气变得湿润、温暖，也可以帮助我们发出更悦耳的声音。我们能闻到气味是因为嗅细胞接收气味信息后，通过嗅球把信号传递给了大脑。

· 惊奇问答 · **鼻子的作用有哪些呢?**

想象一下，如果我们的脸上没有鼻子会怎么样? 是不是感觉整个脸会变得扁平。在脸部正中间凸出来的鼻子可以做很多事情呢。

一起来找找鼻子都能做哪些事吧!

1 可以用鼻子闻到香香的气味。

2 因为有鼻子，才能尝出来食物的味道。

3 用鼻子可以闻到不好的气味来躲避危险。

着火啦!

4 吸气的时候，鼻子可以过滤掉对我们身体有害的物质。

5 外面的冷空气进入人体后会通过鼻子变得温暖。

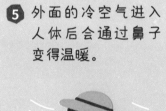

6 鼻子会让我们的声音更悦耳。

答案

上面6项都是鼻子能做的事情。

为什么尿液会变成粉红色？

排泄器官

义务教育科学课程标准
人体由多个系统组成

义务教育生物课程标准
人体的泌尿系统

休息时间我去卫生间小便。

但是小便完的时候我被吓了一跳。

咦，尿液颜色为什么会是粉红色？

我忽然感到害怕，就跑去问老师。

老师笑了笑说："不要怕！"

还问我是不是昨天晚上或今天早上吃了

很多水果蔬菜。

我想起来早上确实吃了很多蓝莓。

如果吃很多蓝莓会排出粉红色尿液的话，

那吃黄瓜是不是就会排出绿色的尿液呢？

尿臊味不是尿液的真实气味？

你在很干净的卫生间小便的时候，不会闻到很浓烈的尿臊味。但是如果是肮脏的卫生间，远远地就能闻到刺鼻的尿臊味。那尿臊味是不是尿液的真实气味呢？

好奇的话，你现在就可以去接一杯尿液闻一下。然后你就会知道，尿液不会发出刺鼻的尿臊味，反而是一种淡淡的很特别的气味。如果长时间不喝水，尿液会变浓，可能会有一点儿尿臊味。所以说尿液从我们身体里排出来的时候是非常干净的。除非是病人的尿液，否则它没有细菌或只有少量细菌。在古罗马，人们还曾拿尿液当作洗涤剂用呢。

衣服不会臭吗？

洗衣服当然要用尿来洗！

尿液里有什么呢？

尿液中含量最多的是水，其次是**尿素**。想要知道尿液是由什么构成的，就需要通过稍微复杂的故事来说明白了。

人体细胞需要不断地通过营养物质来获取能量，其结果就是所有的细胞都会不停地产生水、二氧化碳和氨。水没有毒性，可以被我们的身体循环利用，但是像二氧化碳和氨这些废物就需要及时排出体外才行。特别是氨，它的毒性很强，需要弱化毒性后再排出体外。氨被弱化毒性之后形成的物质就是尿素。

毒性 ✗　　毒性 △

尿液　＝　水　＋　尿素　＋　其他

卫生间里为什么会有尿臊味?

没被好好打扫的卫生间到处都溅有尿液。这些尿液中的尿素和空气中的细菌相遇,就会产生氨气。

所以,令人不悦的尿臊味其实是这些氨气散发出来的气味。氨气不仅毒性强,还有刺鼻的臭味。

通过尿液颜色可以知道什么?

健康人的尿液是透明的黄色。水喝多了尿液颜色会变淡,缺水则会变深。吃了过多含有色素的果蔬或维生素时,颜色可能会变深或变成其他颜色。所以吃多了蓝莓会在尿液颜色中表现出来。

但是,并不是我们吃的所有食物的颜色都会在尿液颜色中表现出来。也就是说,并不会因为我们吃了很多黄瓜,尿液就会变成绿色。如果没有吃大量含有色素的食物,尿液呈现红色或红褐色,就要怀疑是不是某种疾病导致的,应尽快去医院检查一下。

为什么寒冷的天气会让人总想小便？

相比于夏天，我们在冬天会更频繁地去卫生间小便。可天冷的时候我们并没有多喝水，为什么还会这样呢？

我们身体内有两个叫作**肾脏**的排泄器官。我们身体各处形成的氨，会随着血液流动到达肝脏变成尿素，这些尿素再随着血液流动到达肾脏。肾脏会把血液中的尿素过滤出来形成尿液，这些尿液顺着**输尿管**流入并贮存在**膀胱**中。在膀胱聚集的尿液再顺着尿道排出体外。

天冷的时候，人体为了不散发过多的热量，皮肤中的血管会收缩，只允许少量血液从身体的表面流过。但因为血液的总量没有变，所以在血管的收缩下血压就会变高。血压变高了，肾脏就会更努力地过滤血液，产生更多的尿液。此外，冬季出汗少等原因也会导致我们小便次数增多。

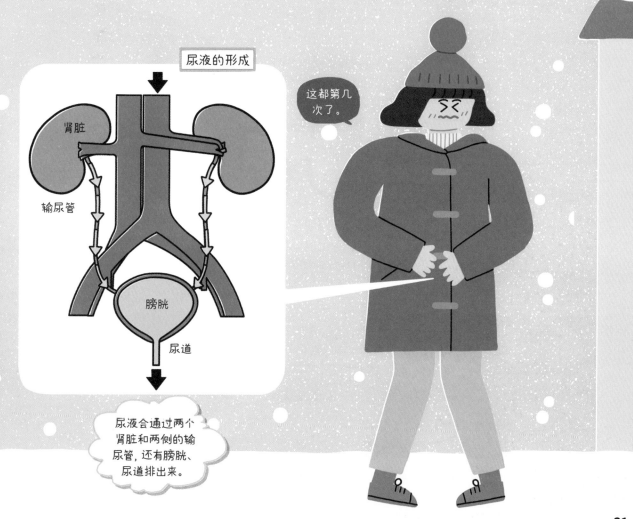

尿液的形成

肾脏

输尿管

膀胱

尿道

尿液会通过两个肾脏和两侧的输尿管，还有膀胱、尿道排出来。

这都第几次了。

汗腺也有排泄功能！

尿液最重要的功能是把废弃物尿素排出体外。像这样把血液中的废弃物过滤并排出体外的过程，叫作**排泄**。

虽然尿素比氨毒性小，但也是有毒性的。所以如果肾脏无法发挥正常功能，就需要利用人工肾脏对血液中的代谢废弃物进行过滤。

在我们身体中，可以过滤尿素并将其排出体外的还有**汗腺**。汗液虽然比尿液淡，但同样含有尿素。血液中的水、尿素、盐等物质通过汗腺排出来就是汗液。

汗液同时发挥着排出废弃物和调节体温的功能。炎热的夏天，我们汗如雨下，排出的汗液会为我们的身体降温，防止体温过高。

汗腺

排泄是将血液中的废弃物进行过滤并排出体外的过程。氨的毒性在肝脏弱化后形成的物质是尿素，肾脏会过滤血液中的尿素形成尿液。汗腺也可以把血液中的水、尿素、盐等物质通过汗液的形式排出体外。

· 惊奇问答 ·

排泄系统里最重要的器官是什么呢?

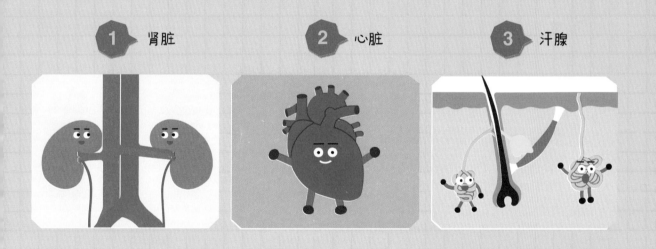

1　肾脏　　　2　心脏　　　3　汗腺

答案: 1

　　肾脏也被简称为肾，它长得像蚕豆。电脑鼠标大小的两个肾脏上，各有百万个可以形成尿液的肾单位。肾脏如果不能很好地发挥自己的作用，人体就会因毒性物质堆积而生病，严重的话还可能失去生命。汗腺也会排出血液中的废弃物，但是跟肾脏相比，量是很少的。

怎么什么都看不见了？

眼睛

义务教育科学课程标准
人体由多个系统组成

义务教育生物课程标准
人体各系统共同完成生命活动

我和朋友们去玩了小黑屋游戏。

我们要进入一间什么都看不见的小黑屋里，

利用除了视觉之外的感官，

逃出小黑屋。

一般来到黑暗的地方，只要时间一长，

我们就会适应并看到一些东西。

但是在那个小黑屋里，

把眼罩摘下来之后，却依然什么都看不见。

哇！四周传来人们撞到墙壁的声音。

好不容易逃出来后，感觉外面好刺眼。

为什么在黑暗的地方什么都看不见呢？

我们为什么可以看见东西呢？

这个墙有点软啊？

哼，谁的臭脚丫子？

黑暗的地方和明亮的地方有什么不同？

我们会根据光的强度来判断明暗。光线强会觉得很亮，光线弱会觉得很暗。眼睛里的**视细胞**会接收光线，并把信息转变成神经信号传递给大脑，光线越强传递的信号越强烈，然后大脑会及时对这些信号进行分析。

小黑屋里发生了什么？

小黑屋是任何光线都进不去的封闭空间。在那里我们的眼睛（实际是我们的大脑）无法接收到任何光线的信号。第一次进入小黑屋的人们，刚开始会有一种无法呼吸的憋闷感，会因为眼睛睁得很大却什么都看不见而感到无助，过一段时间我们就会逐渐适应黑暗，并且会有一种除了视觉之外所有感官都变得异常敏感的体验。

我们真正看到的是什么？

我们经常会说"看花，看猫，看月亮，看人"。但是我们真正看到的并不是花、猫、月亮、人，而是花、猫、月亮、人所反射的光！即从**光源**射出来的光线在物体上发生了反射，反射光进入我们眼睛里了。

像太阳、燃烧的蜡烛、打开的电灯等能发出可见光的物体叫作光源。光线除了通过物体反射到眼睛之外，也可以直接从光源进入我们的眼睛。比如我们看智能手机或看蜡烛、看灯光的时候就是这样。

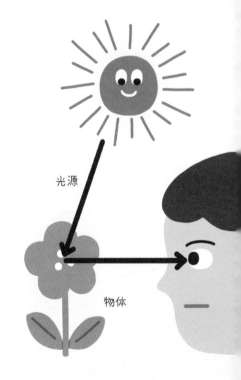

光源

物体

我们是如何看到物体的?

你可以拿起镜子看看自己的眼睛。白色部分是眼白,中间深色部分是黑眼仁。眼白上包裹着一种叫**巩膜**的白色膜,而黑眼仁上面包裹着一种叫**角膜**的透明膜。

来,再看看黑眼仁,我们可以看到边缘有特殊纹样的褐色**虹膜**。还可以看到中间有个黑色的、像圆形窗户的东西,那是**瞳孔**,是光线进入眼睛的小孔。物体反射的光线会进入这个小孔,通过藏在里面的晶状体,在眼后部的**视网膜**上成像。视网膜上分布着视细胞,它们会接收光线。但是在通过晶状体的过程中,物体的像会发生奇特的变化,那就是视网膜上的像是倒立的。

不是用眼睛,而是用大脑来看的?

视网膜上的像是倒立的,那我们为什么会看到正立的物体呢?秘密就在大脑。

视网膜上的视细胞接收到信号后会通过**视神经**传送给大脑,经过大脑处理后才能得到正确的像。所以其实我们不是在用眼睛看东西,而是在用大脑看哟。

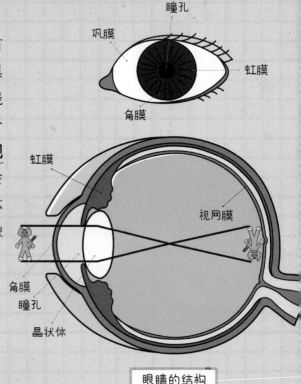

眼睛的结构

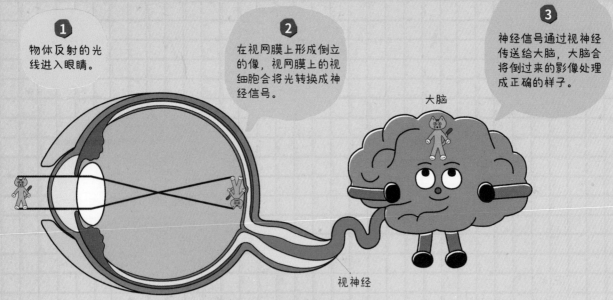

1 物体反射的光线进入眼睛。

2 在视网膜上形成倒立的像,视网膜上的视细胞会将光转换成神经信号。

3 神经信号通过视神经传送给大脑,大脑会将倒过来的影像处理成正确的样子。

大脑

视神经

如何知道是在用大脑看东西？

在看物体时，我们的大脑会把眼睛接收到的影像和记忆中的影像进行比较，寻找相匹配的形状和动作。我们就是通过这样一系列过程来理解眼前发生的事情的。**错视**是一个很好的例子，说明大脑会对眼睛接收到的信号进行处理。

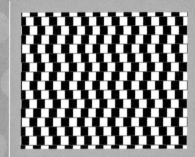

错视

指事物的大小、形态、颜色等客观特征和我们通过视觉所感受到的特征之间存在差异的情况。

重点笔记

晶状体会把进入瞳孔里的光聚集起来，在视网膜上形成清晰的影像。视网膜上倒立的影像会通过视神经传递到大脑，大脑会将倒立的影像解析成正确的样子。

· 惊奇问答 · **视觉最发达的软体动物是哪种动物呢？**

软体动物是身体柔软不分节，两侧对称，通常有壳、有肉足或须腕的动物。蜗牛、海螺、花蛤、牡蛎、章鱼、鱿鱼等都属于软体动物。那软体动物中视觉最发达的是哪一种呢？

1 有一个结实外壳的蜗牛、海螺类
2 有两个结实外壳的花蛤、牡蛎类
3 没有结实外壳的章鱼、鱿鱼类

答案：3

蜗牛类的眼睛像小孔一样，只能用来辨别明暗。牡蛎类大部分没有眼睛。章鱼的头部有两个大大的眼睛，那是和人类眼睛结构类似的发达眼睛哟。

骨骼是如何运动的？

骨骼和肌肉

义务教育科学课程标准
生物体具有一定的结构层次

义务教育生物课程标准
人体各系统共同完成生命活动

我最近喜欢玩一款通过捕猎升级的游戏。

等级越高，角色就会变得越强大、越华丽。

在这个游戏中有一种怪物，

就是一副骨架的样子，

但是可以到处行走。

可事实上，如果真的只有骨头的话，

应该连站都站不稳吧？

骨头和骨头之间没有连接，

应该会哗啦啦散架吧？

第1关

骨骼有生命吗?

试着想象一个坚硬的物体,什么形状都可以,如果给这个物体施加很强的压力,它肯定会咔嚓一下断裂。如果这个东西后来自我愈合了,你会不会觉得很意外呢?

在我们的想象里,有生命的东西应该是柔软的、湿润的,所以会对硬邦邦的物体有生命这件事感到很陌生。

那骨骼呢?你觉得它有生命吗?

提到骨骼,我们就会情不自禁地想起博物馆里苍白的骨头吧。但是骨骼绝对不仅仅是坚硬的"棍子"。人体的骨骼中含有活细胞,含水量达 22%。

在骨折的地方打上石膏固定好,骨骼会慢慢自己愈合。这就是骨骼有生命力的证据。

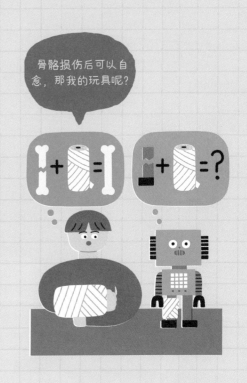

骨骼的结构

虽然从外面看不出来,但其实骨骼分为好几层。

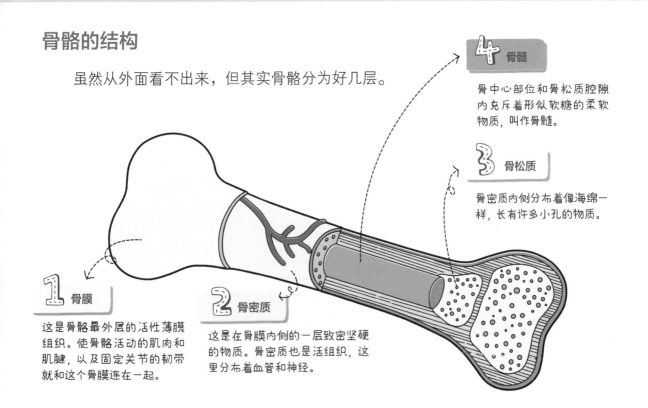

4 骨髓

骨中心部位和骨松质腔隙内充斥着形似软糖的柔软物质,叫作骨髓。

3 骨松质

骨密质内侧分布着像海绵一样,长有许多小孔的物质。

1 骨膜

这是骨骼最外层的活性薄膜组织。使骨骼活动的肌肉和肌腱,以及固定关节的韧带就和这个骨膜连在一起。

2 骨密质

这是在骨膜内侧的一层致密坚硬的物质。骨密质也是活组织,这里分布着血管和神经。

骨骼长什么样？

　　骨头的大小相差很大。有像**股骨**那样大的骨头，也有像耳朵里的**镫骨**一样非常小的骨头。骨头的形状多种多样，有像**胫骨**一样长的，也有像**腕骨**一样短的，还有像**颅骨**一样平的，有像**椎骨**那样有孔洞的，也有凹凸不平不规则的骨头。

成为大人之后骨骼的数量会减少！

　　婴儿的骨头中有许多是具有弹性的**软骨**。成长的过程中，软骨逐渐钙化，会变得越来越坚硬。在这个过程中，这些小骨头会结合在一起，刚出生的婴儿有超过 300 块的骨头，在成年之后就会变成 206 块。

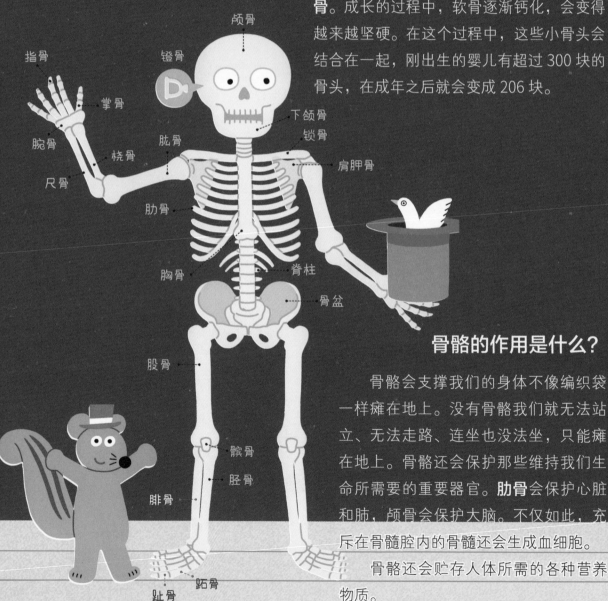

指骨
掌骨
腕骨
桡骨
尺骨
颅骨
镫骨
肱骨
肋骨
胸骨
股骨
髌骨
胫骨
腓骨
趾骨
跗骨
下颌骨
锁骨
肩胛骨
脊柱
骨盆

骨骼的作用是什么？

　　骨骼会支撑我们的身体不像编织袋一样瘫在地上。没有骨骼我们就无法站立、无法走路、连坐也没法坐，只能瘫在地上。骨骼还会保护那些维持我们生命所需要的重要器官。**肋骨**会保护心脏和肺，颅骨会保护大脑。不仅如此，充斥在骨髓腔内的骨髓还会生成血细胞。

　　骨骼还会贮存人体所需的各种营养物质。

我们的身体是如何活动的？

就算骨骼是有生命的，人体也不可能在只有骨骼的情况下活动。我们的身体可以活动是因为有关节和肌肉。人体是通过骨骼、关节、韧带、肌肉和肌腱的共同作用进行运动的。人们日常生活中使用频率最高的部位是手。

关节和肌肉，韧带和肌腱

我们可以看到大拇指由两块骨头组成，其他手指由三块骨头组成。像手指的节一样，骨骼和骨骼相连接的地方叫作**关节**。在关节中，连接骨骼和骨骼的组织是**韧带**。

那么**肌腱**是什么呢？你试着把手贴在桌子上，然后往上抬起手指。你可以感觉到从手指到手腕有紧绷、坚硬的东西连着。那就是肌腱，是连接肌肉和骨骼的组织。有些肌肉会直接跟骨骼连着，但大部分肌肉是通过肌腱来和骨骼连着的。

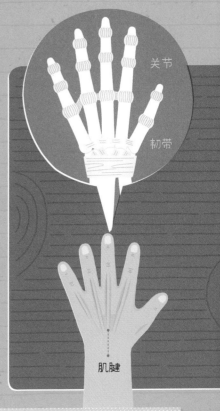

关节

韧带

肌腱

重点笔记

骨骼是含水量达22%的活组织，大小相差很大。它会支撑我们的身体，并可以保护那些维持生命的重要器官。骨骼由骨膜、骨密质、骨松质、骨髓组成。我们的身体能够运动是因为骨骼、关节、韧带、肌腱、肌肉的共同作用。

阿喀琉斯的唯一弱点就是脚后跟！

→阿喀琉斯

· 惊奇问答 ·

我们身上最大的肌腱是哪部分呢？

我们身上有很多肌腱，其中最大的肌腱是哪部分呢？猜猜看！

1 脚后跟筋　　**2** 跟腱　　**3** 阿喀琉斯腱

答案：1, 2, 3

我们身上最大的肌腱就是跟腱，也叫脚后跟筋、阿喀琉斯腱。这是小腿后侧肌腱合起来贴在足跟骨的又粗又有力的肌腱，并且在脚腕后侧凸了出来。我们在奔跑的过程中，这部分肌腱会承受相当于体重七倍的重量。

为什么人会长痘呢?

一觉醒来,我发现额头上长了痘。

小东西慢慢地肿起来,还变红了。

过一段时间它会变黄、熟透,

最后啪地裂开。

不知什么时候我开始长痘了,

真是压力好大。

每次看镜子都觉得好烦,

所以会不自主地把痘痘挤了。

妈妈看到后说那样皮肤会受伤,

那就这么放任不管吗?

到底为什么会长痘呢?

皮肤是最大的身体器官！

皮肤包在我们身体的表面，还是我们身体最大的器官。它和心脏、肝脏、胃、大脑一样，是构成人体的重要器官。

皮肤由三层组成。最表面的是**表皮**，它就像薄薄的防水服，可以防止人体内渗进水。表皮下的**真皮**中有几种纤维组织结构交织在一起。厚实有弹性的真皮层上分布着汗腺、皮脂腺、毛囊、血管、感觉神经。真皮下的**皮下组织**就像柔软的垫子，可以缓冲施加到皮肤上的冲击力，并维持体温。

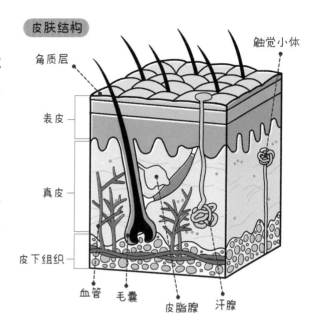

皮肤结构

触觉小体
角质层
表皮
真皮
皮下组织
血管 毛囊 皮脂腺 汗腺

为什么会长痘？

我们皮肤的**毛囊**上有**皮脂腺**。皮脂腺会分泌一种叫皮脂的油性物质，油脂会覆盖在皮肤和毛发表面。我们的皮肤依靠这些油脂可以保持湿润的状态。但是皮脂过多的话，毛囊里会堆积皮脂，堵住毛孔。灰尘、油脂、细菌聚集在一起就会发炎，即长出痘来。长痘会导致皮肤鼓起、发痛，并且化脓。青春期经常长痘是因为在激素的影响下皮脂会分泌旺盛，大量的皮脂引发了炎症。

发炎就会肿胀化脓，皮肤就会疼。

炎症较轻的痘痘建议不要触碰。

鼓起！ 哎呀！

皮肤的作用是什么?

皮肤上分布着**触觉小体**,会不断地接收来自外部环境的信息,比如接收触摸、压力、温度变化、疼痛等刺激。触觉小体让我们知道,现在接触的物体是软的还是硬的、粗糙的还是光滑的、凉的还是热的。

我们可以看到手指或脚趾端的皮肤上有特殊的纹样,即**指纹**。因为每个人的指纹都不一样,所以可以用于鉴别身份或抓犯罪嫌疑人。

触摸或压力

痒痒

温度变化

疼痛

鉴别身份

人也会进行"光合作用"?

绿色植物会通过光合作用生成养分。包括动物、植物和微生物在内的所有生物所使用的能量,均来自植物的叶绿体通过光合作用生成的营养物质。人的皮肤也会进行"光合作用",通过接收光照生成维生素D。维生素 D 是让骨骼健壮,帮助人长高的营养物质。成长期的儿童缺乏维生素 D 会导致骨骼发育不良,不长个子。成年人缺乏维生素 D,骨骼也会变差,骨组织变得疏松。

根据天气和时令的不同,一天需进行 15—30 分钟的户外活动,让皮肤沐浴阳光,补充身体所需的维生素 D。

光合作用
植物以二氧化碳和水为原料,生成营养物质,而人的皮肤会将其他营养物质转化为维生素D。

维生素D
充电中!

为什么人和人之间肤色不同？

　　人的皮肤颜色多种多样。虽然皮肤薄或厚也会对肤色有影响，但是对肤色影响最大的是一种叫**黑色素**的物质。黑色素是皮肤中的黑褐色色素，这种色素越多，肤色就会越深。头发和眼睛里也有黑色素，但量不同，头发和眼睛的颜色也会不一样。

　　黑色素在我们的皮肤中有什么作用呢？它会阻断阳光，保护我们的身体不受紫外线侵害。我们在太阳底下站久了，皮肤会被晒黑，就是因为我们的皮肤为了防止受损而生成了更多的黑色素。

呀，挡住太阳！

重点笔记

　　皮肤是保护我们身体的最大器官，它由表皮、真皮、皮下组织组成。皮脂腺会分泌油脂使皮肤保持湿润，触觉小体负责收集皮肤的感觉信息。皮肤中的黑色素会保护我们的皮肤不受阳光的伤害，并决定肤色。

· 惊奇问答 ·

听说有坚硬的皮肤，这是真的吗？

　　昆虫、蜘蛛、螃蟹、虾等动物有坚硬的皮肤。这些动物坚硬的皮肤上紧贴着肌肉，其作用类似骨骼。那坚硬的皮肤叫什么名字呢？

发音提示 W G G

哈哈，我的皮肤很坚硬哟！

哼，试试看！

答案：外骨骼

外骨骼也叫体外骨骼、皮肤骨骼。

为什么骨传导耳机不用插入耳孔？

耳朵

义务教育科学课程标准
人体由多个系统组成

义务教育生物课程标准
人体各系统共同完成生命活动

上周末好开心，姑姑来我家玩了。

姑姑一边和家人打招呼，一边把耳朵上挂着
的东西拿下来放在桌子上。

"姑姑，这是什么？"

"好奇的话你可以试试啊。这是骨传导耳机，
第一次用的时候，耳朵可能会感觉有点痒。"

姑姑把耳机挂在我耳朵上，

然后打开了音乐。

咦，耳机明明没有插进耳孔里，

为什么还能听得见声音呢？

你有小型收音机吗?

　　我们来做个实验，就是在播放声音的状态下用牙轻咬收音机再松开。如果没有小型收音机也没关系，可以用手机。声音不用放得太大，牙也不用咬得太紧。

　　然后在同一个位置上，比较一下咬和不咬时听到的声音。

　　怎么样? 咬着的时候声音是不是听起来更大?

　　这是因为声音除了通过耳朵传导，还会通过下颌传导。骨传导耳机就是通过头部和脸部的骨骼传导声音，从而让人听到声音的。

科学小实验

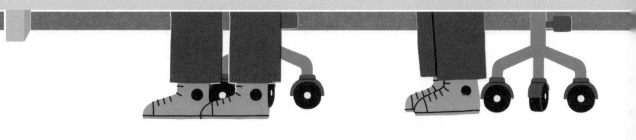

水上芭蕾选手们是如何听到声音的？

　　水上芭蕾是一种在水中伴着音乐做各种优美游泳动作的体育运动项目。一边做高难度动作一边微笑的选手们看起来很酷吧！水上芭蕾比赛会在水中安装一个扬声器，这样选手们会在水中听到声音。平时听到的声音是通过空气传进耳朵里的，但是在水中游泳的时候耳朵里都是水。所以水上芭蕾选手们会通过头和脸的骨骼来接收水中传播的声音震动。那耳朵的结构到底是什么样的呢，可以让我们通过骨骼听得到声音？

水中传播的声音

声音不仅可以通过空气传播，还可以通过液体和固体传播，而且声音在水中会比在空气中传播得更快。据说在大海里，鲸可以听到一千公里以外的其他鲸的叫声。

鸟也有耳朵吗？

　　提到耳朵，我们都会认为是头两侧的耳郭，但是人的耳朵是连接到头深处的。

　　对于耳朵来说，真正重要的部分其实在里面。包括人类在内，很多哺乳动物都是有耳郭的，比如兔子、蝙蝠等。但像鸟儿是没有凸出来的耳朵的，它们只在头两侧长有耳洞。尽管这样，但鸟儿们的听力也一样发达哟。

猫头鹰看起来有耳郭。

但实际上那只是长得像耳朵的羽毛而已。

我们是如何听到声音的?

我们的耳朵由外耳、中耳、内耳三个部分组成。

外耳是耳郭和耳洞内通道——外耳道的统称。外耳和中耳之间的薄膜叫鼓膜,它会像鼓一样震动,将声音的震动传递到里面。

鼓膜内侧的**中耳**有三块听小骨和咽鼓管。

鼓膜的震动会通过耳骨响得更大声,从而传递到里面的内耳。

内耳分为耳蜗、半规管、前庭三个部分,接收声音震动的部分是耳蜗。虽然过程听起来很长,但这一切其实是在瞬间完成的。所以我们会及时听到声音。

耳骨

三块耳骨按传递鼓膜震动的顺序,依次为锤骨、砧骨、镫骨。因为长得像锤子、铁砧、镫子,所以才有了这样的名称。耳蜗的听觉细胞上长有感知震动的纤毛,受到刺激的听觉细胞通过神经将信号传递到大脑,我们就可以听到声音了。

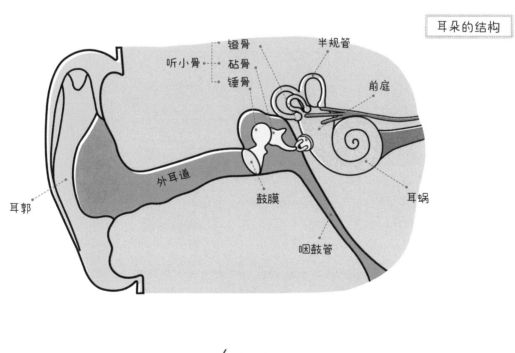

耳朵的结构

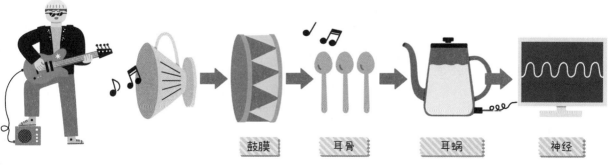

每种动物的耳朵结构都不一样

哺乳类、鸟类、爬行类都有外耳、中耳、内耳，但是爬行类的外耳并不发达。

两栖类没有外耳，只有中耳和内耳，所以鼓膜会暴露在外面。

鱼类只有内耳，有些鱼儿的鱼鳔会发挥鼓膜的作用。

半规管和前庭的作用是什么？

内耳的耳蜗、半规管、前庭中充满了一种叫作**淋巴**的体液。这些液体会震动荡漾，给感觉细胞传递刺激信号。

也就是说，耳蜗的液体震动可以让我们听到声音。

那么，三根半规管有什么作用呢？

在玩转圈圈游戏时，我们的身体在旋转，半规管内的液体会荡漾刺激感觉细胞，这个刺激会通过神经传递到大脑，我们就可以感受到身体在旋转。前庭里的液体可以在我们倾斜的时候刺激感觉细胞。像这样，身体感知旋转和倾斜的能力叫**平衡感**。所以耳朵除了负责听觉外，还负责感知平衡。

半规管和前庭负责平衡感。

耳朵分为外耳、中耳和内耳三个部分。内耳有耳蜗、半规管、前庭，内耳中接收声音震动的部分是耳蜗，半规管和前庭负责平衡感。

· 惊奇问答 ·

咽鼓管有什么作用?

中耳的咽鼓管是约 3.5 厘米长的管道。那咽鼓管的作用是什么呢?

提示: 和我们用力擤鼻涕的时候耳朵发闷的现象有关。

① 让我们听见喉咙发出的声音。

② 和耳骨一起让声音震得更响亮。

③ 它可以调节中耳内侧和外侧的压力，使之平衡。

咕咚!

答案: 3

　　咽鼓管是连接中耳内部和喉咙的管道。我们坐飞机或高速升降电梯的时候，外部压力的变化会导致耳朵发闷或疼痛，这时候咽唾沫就会有所缓解。

　　这是因为咽鼓管被打开后空气流入，调节了内侧和外侧的压力平衡。我们用力擤鼻涕的时候，会通过咽鼓管给中耳内施加高强度的压力，给耳朵带来损伤，所以大家擤鼻涕的时候要小心，不要太用力。

打鼾真可怕！

呼吸器官

义务教育科学课程标准
人体由多个系统组成

义务教育生物课程标准
人体的呼吸系统

我们全家一起去雪山旅行。

在山顶看到的美丽风景真的是

迄今为止我见过的最棒的。

之后，我们去避风港吃了晚餐。

到家后，我很快就睡着了。

凌晨我被一阵喧闹声吵醒。

好多人在同时打鼾。

避风港的宿舍虽然有隔断，

但是数十人要在同一间屋里睡觉，

那鼾声大得让我觉得天花板都要塌下来了。

有些打鼾真可怕！

打鼾是人在睡觉呼吸的时候空气流动的通道变窄，上颌腭垂或咽喉等发生颤抖发出声音的现象。

打鼾除了会让周围的人睡不着，有时候对于打鼾的人来说也是很危险的。

比如打鼾伴有睡眠呼吸暂停综合征就很危险，这意味着严重的打鼾可能会让人停止呼吸。患有睡眠呼吸暂停综合征的人在睡着之后会呼哧呼哧地喘气，也会被呼吸暂停的窒息感吓醒，打鼾的人可能并不知道自己会打鼾，所以周围有严重打鼾的人，我们可以好好观察之后告诉他们。

快呼吸啊！

呼吸会无意识不间断地进行。

呼吸是有意识的行为吗？

吸气，呼气！吸气，呼气！我们想要吸气的话，就可以吸气；想要呼气，就可以呼气；想暂停呼吸，也可以暂停呼吸。

我们并不需要用意识控制呼吸。如果我们需要用大脑思考之后才能呼吸，那就无法睡觉了，因为睡着了就会停止呼吸啊。

所以，不管是白天还是黑夜，不管你是清醒的还是睡着的，即使在我们无意识的情况下，呼吸也会不停地进行。

呼吸是如何自主进行的呢?

只要我们活着，身体就会不断地生成二氧化碳。特别是在进行跑步或登山等激烈运动时，我们的身体会生成更多二氧化碳。

这时我们的大脑就会下达命令，让我们更快地进行呼吸，把多余的二氧化碳排出体外，所以我们会气喘吁吁。睡觉或休息的时候，就不会产生那么多二氧化碳，所以我们会慢慢呼吸。

这些事情都是在我们无意识的情况下自主发生的。

> **呼吸**
> 生物体从外界环境摄取氧，并将代谢产生的二氧化碳排出体外的过程。

吸气和呼气的秘密

吸气的时候氧气会通过鼻子或嘴、气管、支气管进入肺里，呼气时二氧化碳就会按相反的顺序从肺里出来。

这看起来就像肺会自动变大变小进行呼吸一样。

其实肺没有肌肉，是无法自己运动的。它是通过肋骨上的肌肉和胸部下侧的**横膈膜**的运动来变大变小的。

肋骨上的肌肉下压胸部，横膈膜往上挤的时候，肺的体积就会变小，从而把二氧化碳推出去形成**呼气**，相反的运动就是**吸气**了。

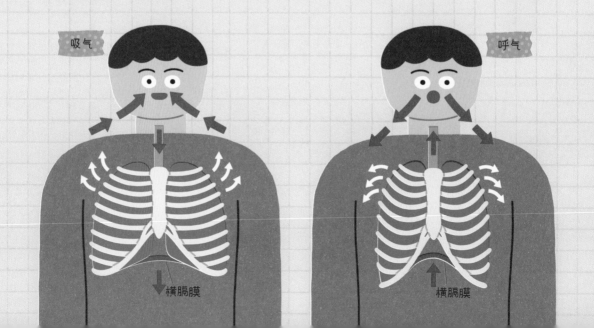

吸气　　　　　　　　　　　　　呼气

横膈膜　　　　　　　　　　　　横膈膜

肺是什么样子的？

　　肺由给我们提供氧气的两个"口袋"组成，这两个"口袋"里有无数个小"口袋"，这些小"口袋"叫作**肺泡**。这些微小的"口袋"连在像树枝一样分支越来越细的**支气管**边缘。将一个人肺里的所有肺泡铺平后，面积足足有网球场那么大。

　　是不是很大？我们就是在这么宽敞的地方接收氧气，排出二氧化碳的。

　　长期抽烟或吸入污染的空气会使肺泡累积污染物质，进而使接收氧气、排出二氧化碳的地方越来越小，让我们无法正常呼吸。

（肺的结构）

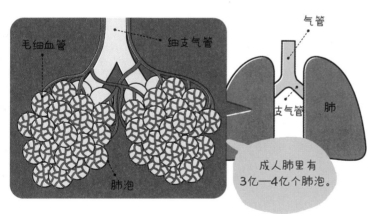

毛细血管　　　　细支气管

气管

支气管　　肺

肺泡

成人肺里有
3亿—4亿个肺泡。

🔖
重点笔记

　　肺是给身体提供氧气的两个"口袋"，肺里有非常多的叫作肺泡的小"口袋"。吸气的时候氧气会通过鼻子或嘴、气管、支气管进入肺里，而呼气的时候二氧化碳会以相反的顺序从肺里出来。

· 惊奇问答 ·

在海拔高处，我们为什么会气喘吁吁？

听过高山反应吗？就是人类攀爬高山时，会出现疲惫、头疼、食欲不振、呕吐等反应。猜猜看，高山反应的原因有哪些？

1 气压差异
2 缺氧
3 温度差异

海拔
3000m

答案: 1, 2

　　高山上气压降低，空气变得稀薄，氧气缺乏。当人突然来到这样的环境，就有可能出现头疼、虚脱等症状。

55

心脏为什么会扑通扑通地跳？

义务教育科学课程标准
人体由多个系统组成

义务教育生物课程标准
人体的循环系统

心脏

上周学校组织我们去参观美术馆。
其中我印象最深的作品是《心脏》。
用手指比心的形状就是心脏的形状！
倒圆锥形的心脏、粗壮的血管，
以及延伸出来的细长血管，
让这幅美术作品极具视觉冲击力，
我不禁把手放到胸口，感受心脏的跳动。
心脏为什么会成为爱的符号呢？
它扑通扑通跳动的原因又是什么呢？

情感受心脏支配吗?

人们常说爱上一个人时，会有心动的感觉。

但其实心脏是一刻都不停歇地在跳动着的。只不过那时心脏跳得太快，我们感受到了平时感受不到的心脏搏动而已。

害怕、委屈的时候，心脏会跳得很快。生气、激动的时候心脏搏动也会变快。

古人觉得我们的内心是被心脏支配的，也就是情感是受心脏支配的。所以心脏成了非常强烈的情感——爱的符号。

现代研究证明，人的情感是受大脑支配的。不过心形还会继续作为爱的符号，因为大脑的变化没有那么明显，而扑通扑通跳动的心脏会给我们强烈的感受。

心脏跳动的声音是从哪里发出来的?

孕妇在医院听到胎儿的心跳后会很激动。利用听诊器,我们也可以听到自己心脏跳动的声音。

心脏像个由强有力的肌肉组成的袋子。我们动一动身体就能知道,肌肉在运动的时候是不会发出声音的。但是心脏为什么会发出声音呢?

心脏跳动的声音其实是心脏上的**瓣膜**关闭的声音。瓣膜是心脏里使血液单向流动的"阀门"。

心脏可以分成两部分?

我们以为心脏是一个整体,但其实心脏是由左右两部分组成的。

这两部分虽然一起跳动,但是它们俩流动的血液却是完全不同性质的。

左半部分流动着富含更多氧气的血液,而右半部分流动着氧气少、二氧化碳多的血液。这两个部分的血液是绝对不能混合的。

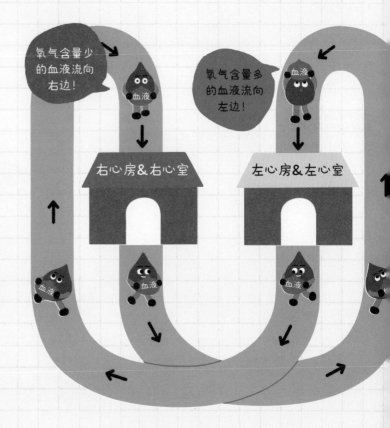

心脏瓣膜在哪里？

想要知道心脏瓣膜在哪里，我们需要先了解心脏的结构。

心脏的上方有血液流进去的是**心房**，下方有血液流出去的是**心室**。心房有两个，心室也有两个。

进入两边心房的血液会流到各自下方的心室，那之间就有瓣膜。

也就是说左心房和左心室之间、右心房和右心室之间，各有一个瓣膜。

血液进入到心室之后，瓣膜会啪嗒一下关上，血液就不会倒流了。进入心室的血液会通过**动脉血管**流到心脏外面。

左右心室和动脉之间也各有一个瓣膜。这些瓣膜也会在血液"喷"出去之后马上关上。

扑通的心脏搏动声音，是心房和心室之间的瓣膜"扑"一声关闭、心室和动脉之间的瓣膜"通"一声关闭的声音。

就这样，心脏会一直扑通扑通地跳动。

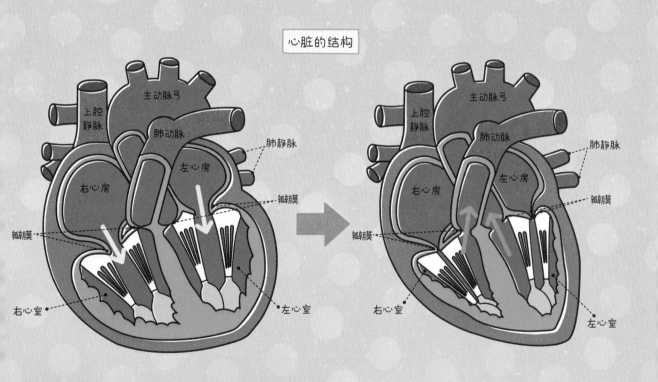

心脏的结构

1 进入心房的血液会通过瓣膜流到心室。

2 进入心室的血液会通过瓣膜，顺着动脉流出心脏。

血液是单向流动的！

就像在赛车场行驶的赛车一样，血液也只按一个方向流动。

它们不停地单向流动，给身体提供营养物质和氧气，并带走体内的代谢物和二氧化碳。

肺循环路线和体循环路线

刚才说到心脏分为左右两部分，左半部分流的是含氧量高的血液，右半部分流的是含氧量低的血液。

流到右心房、右心室的含氧量低的血液，从右心室出来后会来到肺部获得氧气，丢掉二氧化碳。这时富含氧气的血液已经做好去往左半部分的准备。像这样血液从右心室来到肺，再进入左心房的过程，叫作**肺循环**。

完成肺循环的血液会从左心房、左心室出来，去往除了肺以外的全身各处。其间会给全身细胞提供氧气，并带走二氧化碳，流回右心房。左心室出来的血液，流经全身后进入右心房的过程，叫作**体循环**。

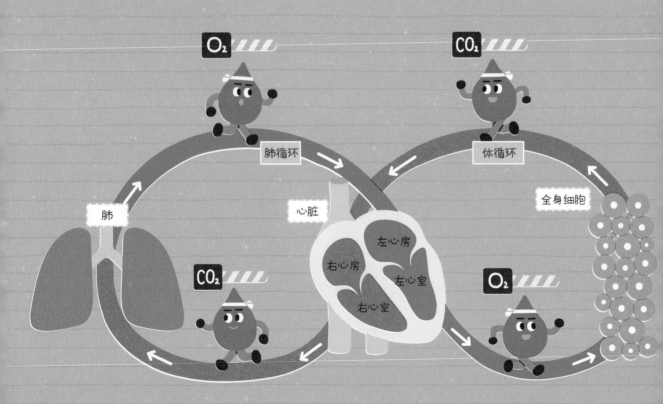

心脏像一个由肌肉组成的袋子，由两个心房、两个心室、四个瓣膜构成。血液从右心室出来，经过肺之后再进入左心房的过程叫作肺循环。从左心室出来的血液，循环全身之后再进入右心房的过程，叫作体循环。

惊奇问答　　所有血管的长度加一起有多长呢？

血液从心室流出进入动脉，再通过静脉进入心房。动脉就像树枝的分叉，会逐渐变细，最后变成毛细血管。

毛细血管就像溪水汇成河流，逐渐聚集变粗，变成静脉。如果将人体的所有血管连成一条线，会有多长呢？

1 绕中国两圈半的长度。

2 绕地球两圈半的长度。

3 绕太阳系两圈半的长度。

两圈半！

答案：2

把一个人的所有血管连成一条线大约长10万千米，可绕周长约4万千米的地球两圈半。

血液为什么是红色的？

血液

义务教育科学课程标准
人体由多个系统组成

义务教育生物课程标准
人体的循环系统

周末，我一个人在家看电视，

突然一颗牙齿掉了，

嘴巴还流出了红色的鲜血。

我赶紧找来一杯白开水，

漱口后才好一些。

我不禁好奇：血为什么是红色的？

人又为什么会流血呢？

血液来源于骨髓?

血液在我们的身体里不停地循环着。

当我们快速地旋转试管中的血液时，下面会沉淀红色的块状物**血细胞**，上面是淡黄色的液体**血浆**。

血细胞中数量最多的是**红细胞**，直径最大的是**白细胞**，还有叫**血小板**的小细胞。

血液是在骨骼内部的骨髓组织中形成的，骨髓中的干细胞会生成红细胞和白细胞，还有血小板。

儿童的所有骨骼都有骨髓，几乎所有骨髓都能生成血细胞，但是随着年龄的增长，只有部分骨髓才能生成血细胞。

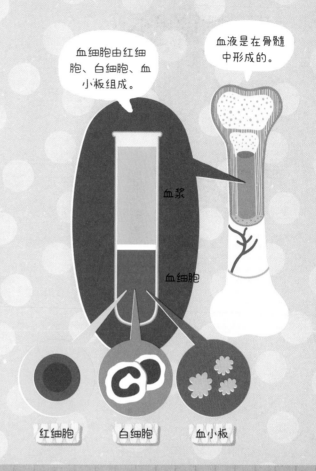

血细胞由红细胞、白细胞、血小板组成。

血液是在骨髓中形成的。

血浆

血细胞

红细胞　白细胞　血小板

血液为什么是红色的?

就算伤口不大，我们还是会很害怕流血。正因为血液是红色的，我们才会觉得红色很显眼。就像因为植物是绿色的，所以我们会觉得绿色很舒服一样。

血液呈现红色，主要是因为血液中含有非常多的红细胞。

在玻璃板上滴上一滴血，放到显微镜下，你可以看到非常多的红细胞。

红细胞里含有大量红色含铁原子的**血红蛋白**，使得血液呈现出红色。

血红蛋白

铁原子

我的血液是蓝色的。因为血液中有含铜的血蓝蛋白，它和氧结合后会呈现蓝色。

我们昆虫的血液有无色、黄色、蓝色等各种各样的颜色。

血液的作用是什么？

我们的体内约有 4—6 升的血液不停地流动着。血液在人体内扮演着配送员、巡逻队、修理工等角色。

配送工作交给我！

人体必需的物质有好多种，需要从外部环境获得，包括碳水化合物、蛋白质、脂肪、维生素、无机物和水，还有氧气。

除氧气以外的营养物质，可以在人体内存起来慢慢使用，但氧气是无法在人体内贮存使用的，所以需要不断地呼吸才能维持生命。

血液里的红细胞数量众多也是为了**配送更多的氧气**。红细胞中的血红蛋白会在氧气多的地方和氧气结合，再在氧气少的地方与氧气分离开来。所以它们会在肺里接收氧气，再将氧气运送给全身的细胞。血浆会配送除了氧气以外的其他营养物质，为全身的细胞**提供营养物质**，并带走废弃物，将其排出体外。

哔啵哔啵，入侵者来了！

血液中的白细胞负责巡查全身，寻找入侵者。一旦发现我们体内有可致病的细菌或病毒，它们就会开始作战。

有些白细胞会追逐病原体，然后把它们一口"吃掉"，即白细胞把病原体拉进自己的细胞内将其破坏溶解了。还有一些白细胞会给外部入侵的病原体"贴"上特殊标签，贴上标签的外部入侵者就会变成容易受攻击的状态。

"吃掉"病原体的过程叫作**吞噬作用**，而给病原体"贴"上标签使其变得更容易被消灭叫作**免疫作用**。

修复破损部位！

　　我们在生活中会因为大大小小的事故而受伤。

　　当皮肤破损鲜血直流时，为了防止流血过多，皮肤会变得微微肿胀。同时血小板会释放出特殊物质，形成结实的网状物。这个网状物会东一道西一道地缠住红细胞，覆盖伤口部位。这样血就不会继续流出来了，从而**止血**。被缠住的血液会从外部开始变硬结痂，痂下的血管和皮肤会慢慢地复原。等过一段时间，皮肤自我愈合后干痂就会掉下来。

万紧急！止住
口的出血！

血小板　血小板

> **重点笔记**
>
> 　　血液由血浆和血细胞组成。血浆为淡黄色液体。
> 　　血细胞中数量最多的是红细胞，直径最大的是白细胞，还有叫血小板的小细胞。

狮子为什么喜欢吃肝脏？

肝脏

义务教育科学课程标准

人和动物通过获取其他生物的养分来维持生存

义务教育生物课程标准

人体的消化系统

周末我在家看了一部关于捕猎的纪录片，

在非洲大陆上，一群斑马正在草地上吃草，

准备迁徙到别的地方去。

这也是它们最危险的时候。

一头雌狮子抓住了跑得最慢的小斑马，

要将它吃掉。

奇怪的是，狮子先把肝脏吃掉再吃别的内脏器官，

对肉的兴趣显然没有对内脏的兴趣大。

狮子为什么喜欢吃肝脏呀？

肝脏的营养很丰富！

在希腊神话中，把火种带给人类的普罗米修斯因为惹怒了宙斯，被绑在岩石上，日夜忍受被恶鹰啄食肝脏的惩罚。

在古代，人们会把动物的肝脏作为药物治病，如用生牛肝治疗贫血。现在医学发达，人们已经不会再使用这种方法了。

在神话传说中出现吃肝脏的故事，也是因为人们认为动物肝脏有非常丰富的营养。正因为营养丰富，肝脏也会很快变质，所以捕到猎物的猛兽们都会先吃掉猎物的肝脏。

内脏器官比赛

人体最大的内脏器官是什么？

我们胸腔和腹腔里的各种器官叫作**内脏**。心脏、肺、肝脏、胃、小肠和大肠、胰脏、胆囊、肾脏都属于内脏。

所有的内脏器官中，质量最大的就是肝脏了。

红褐色的肝脏每天都在认真工作哟。不像其他内脏只专注于一件事，肝脏要做的事情有很多。它会把小肠吸收的营养成分转化为人体可吸收的营养，并送往全身各处，也会合成人体所需的多种物质，还会分解毒性物质。

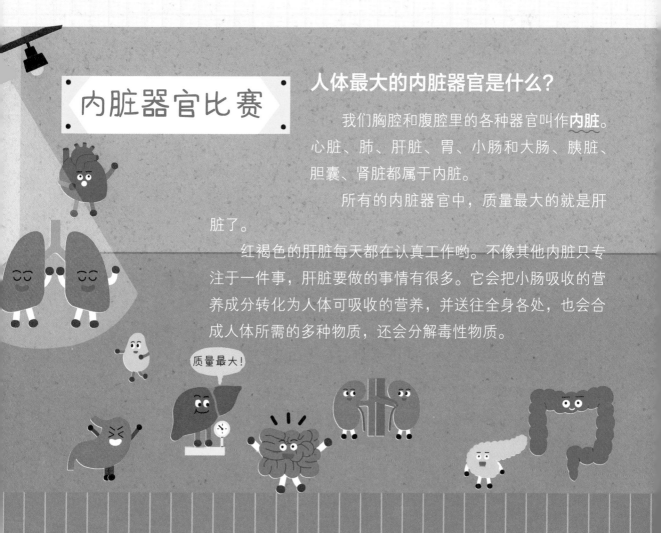

质量最大！

肝脏中的血液是从哪里来的呢？

　　肝脏比其他内脏器官拥有更多血液。包括肝脏在内的所有器官都会得到来自心脏的血液供给。各器官会通过动脉接受从肺部得到的富含新鲜氧气的血液。

　　但是肝脏很特别，它除了接受动脉血以外还会接受来自静脉的血液。这个叫**肝门静脉**的血管又粗又大，连接着小肠和肝脏。从这里流向肝脏的血液含有大量从小肠吸收的营养物质。肝脏会接收、转化这些营养物质，并通过血液循环把它们输送到全身各处，扮演着营养配给的角色。

在哪里生成胆汁呢？

　　帮助消化脂肪的**胆汁**贮存在叫**胆囊**的小"袋子"里，胆囊因此而得名。

　　但是生成胆汁的地方可不是胆囊而是肝脏，也就是说胆汁在肝脏中生成后贮存在胆囊里，再分泌到肠子中去的。

肝脏会再生！

　　希腊神话中，普罗米修斯被绑在岩石上接受惩罚，每一天都会有恶鹰飞来啄食其肝脏。但是普罗米修斯的肝脏会在夜间恢复成原来的样子。

　　我们的肝脏也在做着一样的事情。有部分损伤或被切掉一部分的肝脏会再生出来，就算只剩下 1/4，它也可以再生成原来的大小，而其他器官是绝对不会发生这种事情的。

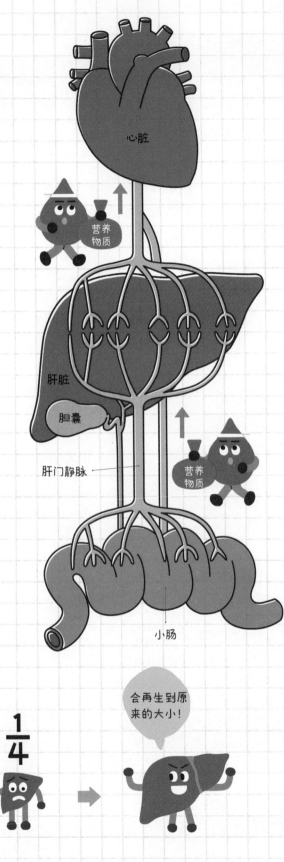

心脏

营养物质

肝脏

胆囊

肝门静脉

营养物质

小肠

会再生到原来的大小！

$\frac{1}{4}$

贮存或释放葡萄糖

米饭中的淀粉会被唾液分解，在通过消化道的过程中又被逐渐分解得越来越小，变成**葡萄糖**。

葡萄糖是人体主要的能量物质。小肠会吸收葡萄糖并把它输送到肝脏，肝脏会根据需求贮存葡萄糖或把它们输送出去。

血液中的葡萄糖过多时，多个葡萄糖会结合成为一种叫**糖原**的"动物淀粉"贮存在体内。然后等到身体需要葡萄糖的时候，会分解糖原释放葡萄糖，从而调节血液中葡萄糖的含量。

· 惊奇问答 ·

吃太多蛋白质，会对人体产生负担？

听说摄入过多蛋白质会对内脏器官产生不好的影响，那它会对哪些器官产生影响呢？

1 肝脏
2 肾脏
3 心脏

答案：1，2

吃太多蛋白质食物会导致肝脏和肾脏负担过重。因为在分解蛋白质的过程中会产生大量的氨，氨要在肝脏里变成尿素，肾脏要将这些尿素排出体外。

重点笔记

肝脏是质量最大的内脏器官，有部分损伤或缺失时可以再生。肝脏可以做很多事情，它会通过肝门静脉接收、转化营养物质的供给，并通过血液循环把它们输送到全身各处。另外，肝脏还会分泌胆汁，贮存或释放葡萄糖等。

为什么总生气
会变成绿巨人？

激素

义务教育科学课程标准
人体通过一定的调节机制保持稳态

义务教育生物课程标准
人体各系统共同完成生命活动

上周我和好朋友踢足球的时候撞在了一起，

我们大吵了一架。

我说是他犯规，但朋友硬说自己没有。

我们俩的嗓门儿越来越大。

和朋友吵架的时候，

我感觉心脏扑通扑通直跳，

还感到口干舌燥，嗓子发热，

全身的热血像要喷涌而出。

我感觉自己变成了绿巨人，

就是那个长得凶巴巴、

经常发脾气的绿巨人。

为什么生气会让我们变成绿巨人呢？

哇啊！

肾上腺素　　　　　　　　　　　肾上腺

肾脏

让我们变成绿巨人的物质是什么？

漫画《绿巨人》中的主角班纳博士曾被暴露在可怕的放射线中，自那之后每次生气时他就会变成绿色的怪物。班纳博士变成绿巨人是因为一种叫**肾上腺素**的物质。肾上腺素是由两侧肾脏上的**肾上腺**分泌的激素。

什么是激素？

激素是一种很特别的化学物质，它仿佛有魔力，只用很少的量就会给我们的身体带来巨大变化。

它会从人体的某个部位分泌出来，随着血液移动到靶器官。

打架的时候心脏扑通扑通跳得很快，也是因为激素的作用。肾上腺素的分泌会引起心脏快速跳动，血压升高。血液会聚集到让身体运动的肌肉上，这时消化能力也会变差。而且为了更清晰地看到对方的动作，瞳孔也会变大，血液中葡萄糖含量也会变多，从而产生更多能量。所以，受到威胁或生气时肾上腺素分泌增多是为逃跑或打架做准备呢。

> **靶器官**
> 激素进入血液或淋巴内，经血液循环作用于的特定器官。

激素只在特殊情况下分泌吗？

激素并不是只在像生气这种特殊情况下才会分泌的。

就算环境变化，激素也要让我们的身体保持在一种相对平衡的状态。我们的身体太热不行，太冷也不行。发热和低体温症都是威胁生命的可怕事情。血液中的糖不能太多也不能太少。太多会得糖尿病，太少会因低血糖而晕倒。还有身体里的水不能太多，也不能太少。

像这样，通过调节使我们的身体处于一种相对稳定的状态叫作**稳态**。我们的身体每天都会分泌很多激素来调节应对各种情况，维持稳态。

激素

分泌激素的地方有哪些？

分泌汗液或消化液的腺体为**外分泌腺**，分泌激素的腺体为**内分泌腺**。
我们的体内有垂体、甲状腺、胰脏、卵巢和睾丸等内分泌腺。

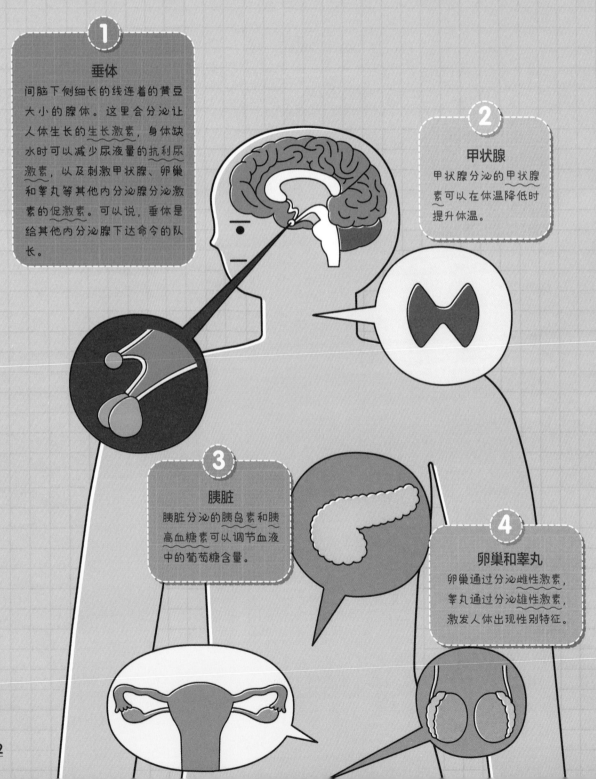

1
垂体
间脑下侧细长的线连着的黄豆大小的腺体。这里会分泌让人体生长的生长激素，身体缺水时可以减少尿液量的抗利尿激素，以及刺激甲状腺、卵巢和睾丸等其他内分泌腺分泌激素的促激素。可以说，垂体是给其他内分泌腺下达命令的队长。

2
甲状腺
甲状腺分泌的甲状腺素可以在体温降低时提升体温。

3
胰脏
胰脏分泌的胰岛素和胰高血糖素可以调节血液中的葡萄糖含量。

4
卵巢和睾丸
卵巢通过分泌雌性激素，睾丸通过分泌雄性激素，激发人体出现性别特征。

为什么会变成巨人或侏儒？

人在成长的过程中分泌过多的生长激素会出现巨人症，相反，生长激素分泌过少会出现侏儒症。

成年人分泌过多的生长激素会引起肢端肥大症，就是身体的末端（即手、脚、鼻子、下巴等部位）异常增长的症状。

所以，激素分泌过少或分泌过多都会成为问题，只有适量地分泌才能让我们健康地生活。

重点笔记

激素是用非常少的量让我们的身体发生巨大变化的化学物质。

人体内可分泌激素的内分泌腺有：垂体、甲状腺、胰脏、卵巢、睾丸等。激素分泌出来之后会随着血液移动到靶器官产生作用。

惊奇问答

下面哪一个腺体既是外分泌腺又是内分泌腺？

❶ 胰脏　　❷ 间脑
❸ 心脏　　❹ 肺

答案：**1**

胰脏是分泌胰液的外分泌腺，同时还是分泌胰高血糖素、胰岛素的内分泌腺。它在血液中的葡萄糖过多时，分泌胰岛素来降低血糖含量，在血液中葡萄糖过少时，分泌胰高血糖素来提升血糖含量。

我为什么会患上流行性感冒？

义务教育科学课程标准
人体由多个系统组成

义务教育生物课程标准
人体具有免疫功能

哎呀，鼻子好痛！

我的鼻涕不停地流出来，

就像被砸坏的水缸一直"漏水"。

额头像火一样热，全身肌肉疼痛，

没有胃口，还老感觉恶心。

于是，我去了医院的耳鼻喉科。

医生从我的鼻子里蘸取东西做了检查，

说我应该是感染了甲型流感病毒。

医生说流行性感冒（以下简称"流感"）

和一般的感冒不同，有很强的传染性，

所以一定要戴好口罩，边说边给了我一个口罩。

到底是哪个家伙让我这么难受的呢？

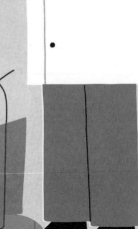

什么是流感？

　　流感不是指感冒正在流行，而是由流感病毒引起的急性呼吸道传染病。

　　流感比感冒具有更强的传染性，而且可能会突然出现严重的症状，并且伴随着高烧，严重的话可能会危及生命。但是流感和感冒也有很多相似的地方。它们都会发热、流鼻涕、咳嗽，并且会伴随头痛或肌肉酸痛。流感和感冒都是因为感染**病毒**而引起的。

什么是病毒？

　　流感或感冒之所以能传染给别人，是病原体在人与人之间传播的缘故。流感和感冒的病原体就是病毒。

　　病毒是专营细胞内感染和复制的结构简单的微生物。病毒在生物细胞中会像生物一样活动，但是在生物细胞外，它们会像非生物一样处于结晶状态。

　　流感是由感染甲型、乙型或丙型流感病毒引起的，而感冒是由 200 多种普通感冒病毒引起的呼吸道疾病。

病毒一定有害吗？

　　虽然名字很特别，但病毒并不稀奇。

　　它不是只存在于某个特殊的地方，而是散布在世界的各个角落。

　　比如，一杯海水里就会有无数个病毒。所以大部分病毒是不会危害到我们健康的。

有一种病毒不会对人体有害，而是会对电脑产生危害。

电脑病毒是在使用者不知道的情况下，偷偷破坏其他程序的一种电脑程序。因为它和处于生物和非生物之间的病毒一样，有进行自我复制、感染的特性，所以也被称为病毒。

是谁在传播疾病?

可以在人群中传播疾病的病原体主要包括病毒、细菌、原生生物、真菌及寄生虫。

细菌

细菌是最原始的生物。它有细胞，但是没有细胞核。不过和处于生物与非生物之间的病毒不同，细菌属于生物范畴。世界上有非常多的细菌，大部分不会对我们的身体产生危害。但像传播伤寒、霍乱、炭疽病、破伤风、细菌性痢疾等疾病的细菌就很危险。

原生生物

与细菌不同，原生生物是有细胞核的单细胞生物。阿米巴痢疾、疟疾等就是由原生生物引发的传染病。

真菌

酵母、霉菌、菇类都属于真菌。真菌引发的传染病中最有名的就是脚气病了。

寄生虫

这是寄生在人体内或体表，依靠人体提供的营养物质生活的虫子。比如蛔虫、绦虫、血吸虫等体内寄生虫和头虱等体外寄生虫。

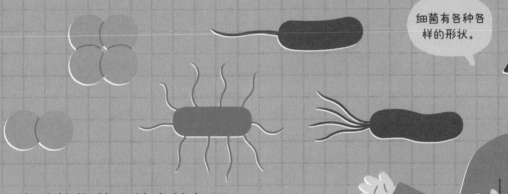

细菌有各种各样的形状。

皮肤就像薄而结实的盔甲

生活在我们周围的许多病原体只要有机可乘就想钻进我们体内。人体"布置"了多层防线，来保护我们不被病原体感染。

第一层防线就是皮肤。皮肤的表皮由好几层细胞构成，其外部是以坚韧的蛋白质构成的角质层，它可以阻挡病原体的入侵，就像一层薄而结实的防水盔甲。

有一些白细胞在血管外活动。

血管

什么是免疫？

鼻腔、嘴和喉的表面都覆盖着湿润的黏膜。

当流感病毒等呼吸道疾病的病原体想通过这些黏膜进入我们的身体时，鼻腔里覆盖的黏液和嘴里的唾液会拦住病原体，阻止它们入侵。

但是也会有一部分病原体突破防线进入体内。在这个阶段进行反击的就是白细胞统领的免疫系统。白细胞在全身游走，通过吞噬作用吞掉病原体，或将病原体变成容易被攻击的状态。

为了预防疾病，需接种疫苗

接种疫苗可以预防小儿麻痹症、破伤风、麻疹、腮腺炎等许多疾病。通过接种弱化病原体毒性或灭活制成的疫苗，可以使人体的免疫系统有效地应对病原体的攻击。

· 惊奇问答 ·

谁来保卫淋巴结？

有时生病后，我们会在脖子外侧摸到肿块，那是淋巴结肿胀。人体内分布着淋巴管，而淋巴管中流着的是一种叫作淋巴的透明液体。病原体入侵人体时，淋巴中的病原体增多，导致淋巴结肿胀。那这时聚集在淋巴结中和病原体做斗争的是谁呢？

1 红细胞
2 白细胞
3 血小板

答案：2

和病原体做斗争的血细胞是白细胞。生病时淋巴结内淋巴细胞增多，导致了淋巴结的肿胀，而淋巴细胞属于白细胞的一种。

重点笔记

入侵到我们体内传播疾病的病原体主要包括病毒、细菌、原生生物、真菌、寄生虫。皮肤的角质层、黏液、白细胞会保护我们的身体免受这些病原体的伤害。

表哥的声音怎么变粗了？

青春期

义务教育科学课程标准
生物体的遗传信息逐代传递

义务教育生物课程标准
生物体的性状主要由基因控制

暑假我和爸爸一起去姑妈家做客。

姑妈住在另一座城市，离我家很远，

我们已经有半年没有见过面了。

姑妈还是那么年轻、漂亮，

一见面就给了我一个大大的拥抱。

好久没见的表哥也已经上初中了。

表哥变化好大呀！

个子比我高一头，声音又粗又哑，

这是怎么了？

爸爸说他进入青春期了，

到底什么是青春期呢？

男性和女性有什么不同？

你们在电视或书上看到过新生儿出生的场景吗？人们会先看看新生儿健不健康，并且确认性别。

知道怎么确认吧？不用觉得害羞，我们都有**外生殖器**。外生殖器即显露在身体外的生殖器官。

婴儿刚出生时，医生会通过外生殖器来辨别其性别。

男孩有**阴茎**以及包裹着两个睾丸的**阴囊**。

女孩的体内有**子宫**和**卵巢**。子宫和下方的**阴道**相连，负责排尿的尿道口就在阴道的前面。

但是成年人就不一样了。就算不通过外生殖器我们也可以辨别出其性别，因为我们的身体在青春期会经历巨大的变化。

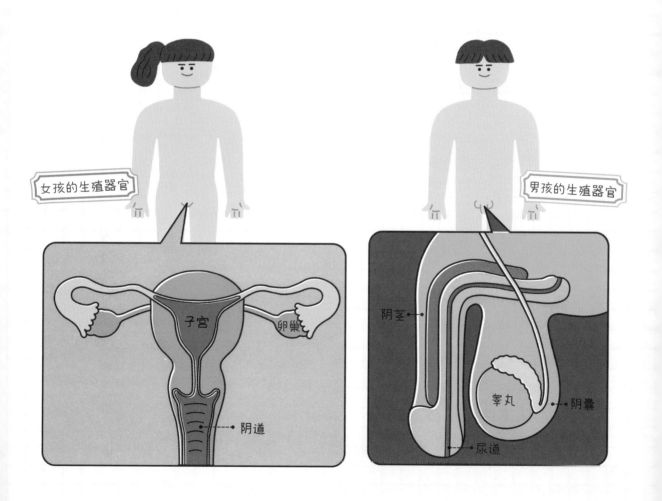

女孩的生殖器官

男孩的生殖器官

子宫　卵巢

阴道

阴茎

睾丸　　阴囊

尿道

什么是青春期？

区分男女两性在生物学上差异的特征叫**性征**。

第一性征指的是出生时女性和男性具有不同的生殖器官。

到了青春期，只有第一性征的孩子们会开始发育，在性激素的作用下出现**第二性征**。

女性的胸部会隆起，臀部脂肪逐渐堆积，卵巢以一个月一次的频率开始排出卵子，这时生理期也就开始了。

男性会长胡子，胸部和肩膀会变宽，外生殖器也会变大。

当然，也有男女共同出现的青春期的变化，那就是腋窝和外生殖器周围的毛会变粗。

青春期

青春期是指少年儿童开始发育，最后达到成熟的一段时期，即由儿童向成人的过渡阶段。青春期一般从13岁左右开始，约持续5年，并且在睾丸分泌的雄性激素和卵巢分泌的雌性激素的影响下，人体出现第二性征。

这是在雄性激素和雌性激素的影响下出现的。

男女的第二性征

卵子

精子

为什么会出现第二性征？

青春期出现第二性征是人类逐渐具备生殖能力的标志。**生殖**指的是生物产生与自己相似后代的过程。人类通过**有性生殖**的方式繁衍后代。

青春期到来后，女性的卵巢会每月排出一次卵子，男性的睾丸开始生成大量精子。精子与卵子结合就会诞生新的生命。

有性生殖和无性生殖

指雄性和雌性的生殖细胞相结合形成新生命的生殖方式。相反，无性生殖则是没有经过雄性和雌性生殖细胞的结合，只由一个生物体产生后代的生殖方式。

什么是生长痛?

青春期是男性和女性快速成长的时期。

短短几个月内,鞋子就会变小,裤子会变短。身体快速生长时,有时会出现动作迟缓或疼痛的症状,也有可能引起膝盖、脚踝、大腿、小腿的刺痛或肌肉抽筋。像这样在身体突然生长的过程中产生的疼痛叫**生长痛**。

也许不管是身体还是心理,都是有多疼就能长得多快多高吧。

几个月前

几个月后

有多疼,就会长多高!

· 惊奇问答 ·

你的喉咙里有什么?

成年男性的颈部由甲状软骨构成的隆起物,叫喉结。那这里面有什么呢?

1 卡在嗓子里的苹果籽
2 发出声音的器官
3 气泡

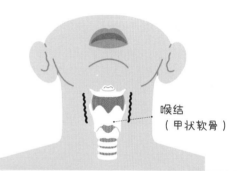

喉结
(甲状软骨)

答案: 2

发出声音的器官叫作声带。声带中有两个韧带,我们说话时,气流冲击这两个韧带,它们就会像小提琴琴弦一样振动而发出声音。男人在青春期,声带会变长变宽,声音会变得低沉,喉结也会凸出来。声带越长,声音越低沉,这就和木琴的长键盘可以发出低沉的声音是一样的道理。

人类可以生蛋吗?

生殖

义务教育科学课程标准
人的生命是从受精卵开始的

义务教育生物课程标准
有性生殖与无性生殖

周末我们去了农场的蚕教室体验学习。
通过这次体验,我知道蚕是蚕蛾的幼虫,
还知道了只吃桑叶长大的蚕
会吐出洁白的蚕丝作茧。
了解蚕的一生后,
我突然有了这样的想法。
蚕是从卵孵化出的,
鱼也是从卵孵化出的,
鸟和青蛙也都是从卵孵化出的,
那我们人类也是一样吗?

人体最大的细胞是什么？

人体由约 100 万亿个细胞组成。其中最大的细胞有沙粒那么大，没有显微镜也可以看得见。那就是只存在于女性体内的一种叫**卵子**的细胞。卵子就是卵的意思，也就是说人类也是有卵的。

人类的卵很小，根本无法和鸡蛋、鸵鸟蛋、青蛙卵相比，而且也没有结实的外壳，所含的营养物质也不多。

包括人类在内的哺乳动物的卵子都是在妈妈体内的子宫中产生的。当然，妈妈独自生成的卵子是无法成长为胎儿的，需要先变成受精卵，才能成长为胎儿。

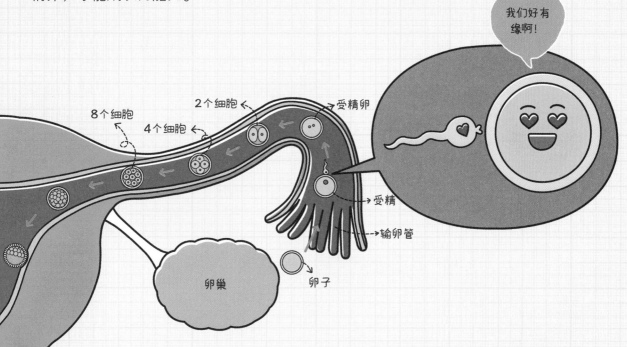

卵子是在卵巢里生成的，离开卵巢的卵子一般会在和子宫连接的**输卵管**中与精子相遇。

和卵子相遇的精子数量很多，有数千万甚至上亿个，但在这么多精子中只有一个能钻进卵子里实现**受精**。这是一个人的生命开始的惊奇瞬间。

卵子和精子结合后就会形成**受精卵**。

受精卵是一个细胞，也就是说卵子和精子结合会成为一个细胞。光从细胞数量看，受精过程就是一加一成为一的过程。受精卵会进行**细胞分裂**成为 2 个细胞，再分裂成 4 个细胞，继续分裂成 8 个细胞，像这样不断地分裂、分化，受精卵最终成为胎儿。受精卵开始了个体发育的过程。

什么是个体发育？

个体发育

一个生物体从受精卵形成胚胎，经由胚胎增殖、分化，直到生长发育为成熟个体的过程。

你在商店里看到过贴着受精卵标签的鸡蛋吗？

受精成功的鸡蛋就是母鸡在和公鸡交配后生下的蛋。有受精卵，也就有未受精卵。

做饭用的鸡蛋是受精卵还是未受精卵是没什么区别的，但是把这些鸡蛋放在孵化器里孵化就会出现很大的差别。

约 21 天之后受精成功的卵里会孵出小鸡来，但是未成功受精的卵只会腐坏。受精的瞬间，受精卵只是一个小细胞。这个细胞会不断地进行细胞分裂，利用鸡蛋里丰富的营养物质不断发育。其间有些细胞长成了肌肉，有些细胞长成了骨骼和皮肤，有些细胞会变成羽毛或血液，也有些细胞会构成神经系统，渐渐地孕育成了小鸡。

就这样，受精卵经过一系列复杂而有序的变化，生长发育成拥有复杂形态个体的过程，叫作**个体发育**。

科学小实验

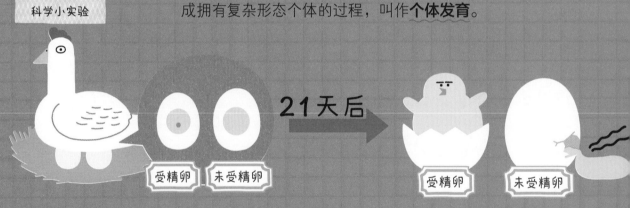

21天后

受精卵　未受精卵　　　　受精卵　未受精卵

人类也有个体发育吗？

当然了。

身体由多个细胞组成的动物都是通过个体发育的过程来到这个世界的。生命开始于一个简单的受精卵，通过个体发育，最终来到这个世界。

但是小鸡的个体发育和人类的个体发育有很大的差别。

小鸡是在母鸡生下的蛋里完成个体发育过程的，而人类是在妈妈的子宫里进行个体发育的。

人会经历什么样的个体发育过程？

受精卵会一边进行细胞分裂一边来到子宫里，接着在子宫壁上着床。个体发育初期，细胞们会聚集成球状。随着时间的推移，这个细胞球会变成有头有尾的**胚胎**。

在受精一个月之后，苹果核大小的胚胎会在一种叫作羊水的液体中漂浮。两个月之后，会初步长成人类的形态，开始被称作**胎儿**。

三个月开始形成大脑和四肢以及重要的器官，逐渐长大变成完整的人类形态。每个人都是通过个体发育的过程来到这个世界的。

我是，你是，我们都是哟！

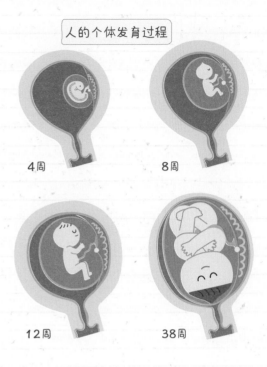

人的个体发育过程

4周

8周

12周

38周

重点笔记

卵巢生成的卵子和精子结合的过程叫作受精。受精成功的细胞叫作受精卵。受精卵会不断进行细胞分裂，从而实现个体发育。人类是在子宫里进行个体发育过程的。

· 惊奇问答 ·

这个器官的名字叫什么？

孕妇的子宫里有个又圆又宽的器官，用来将妈妈血液里的营养物质和氧气传输给胎儿。这个器官和胎儿之间有根长长的线连着。这个圆盘状的器官和长线分别是什么呢？

1 胎盘，脐带　　**2** 子宫的膜，筋

答案：1

胎盘会在胎儿出生之后排出母体。和胎儿的肚脐连着的脐带是胎儿的生命线。

脐带

胎盘

血液中有 DNA吗？

DNA

义务教育科学课程标准
生物体的遗传信息逐代传递

义务教育生物课程标准
生物体的性状主要由基因控制

一天，我在哼唱歌曲时，朋友突然打断我说：

"歌词中'血液中的 DNA'感觉有点奇怪。

DNA（脱氧核糖核酸）存储在细胞核里，

是遗传信息的载体。

可血液里的红细胞是没有细胞核的，

也就是说红细胞里是没有 DNA 的。

歌词里却说血液中的 DNA，好奇怪啊。"

朋友说得好像也挺有道理的。

我们的血液中究竟有没有 DNA 呢？

我血液中的 DNA！

先说结论，我们的血液中是有 DNA 的，而且有很多呢。

血液中除了没有细胞核的红细胞之外，还有拥有细胞核的白细胞。一滴血（0.001 毫升）中所含的白细胞就超过 4000 个，每个白细胞的细胞核内都有 DNA。

你们应该听说过警察会在犯罪现场寻找、采集嫌疑人的 DNA 吧。警察会从现场留下的血液、头发、唾液，甚至汗液中采集 DNA。

这些物质就算只留有一点点也可以采集到 DNA。

血液中有白细胞，毛发根上也有细胞，可以采集到 DNA，可是唾液和汗液里没有细胞也可以吗？

其实，我们人体所有体液中都是含有**细胞**的。人体有这么多个细胞，总会有一部分脱落在唾液和汗液中。所以歌词中"我血液中的 DNA"没有错！不过血液和 DNA 确实感觉有点远，叫细胞中的 DNA 会更合适吧。

白细胞

细胞

试着制作一个人体

闭上眼睛，想象一下你要制作自己的身体。

假设材料很充分，你想从哪里开始呢？是从人体内部开始，还是先把外部框架搭起来再填充内部？

当我们想象着要制作一个和自己一模一样的身体时就会明白，人体其实非常复杂，而且我们对自己的身体并没有那么了解。

想要制作人体，首先要建好骨骼，然后在此基础上加上韧带、肌腱、肌肉、血管和皮肤。

用肌肉、血管、黏膜等做出各个内脏，再一个个塑形，补充血液。

然后，适当加点脂肪，再制作用于传递感觉、使肌肉活动的精细神经。

啊，别忘了消化酶、神经递质、激素……

需要考虑的东西实在太多了，多得让人都有点头疼了。其实，到现在为止想到的这些都不算什么，继续往下看。

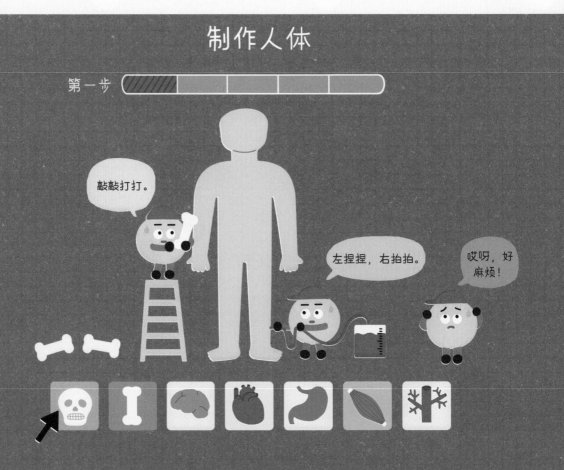

制作细胞

　　人体虽然从外表看起来很光滑，但实际上其内部是由非常多的小房间组成的。更具体点说，是由近 100 万亿个细胞组成的。

　　细胞由**细胞核**、**细胞膜**，还有**细胞质**组成。细胞质中有许多结构、功能各不相同的细胞器，以及引起各种化学反应的酶。所以想要塑造一个跟我们一模一样的身体，就需要把所有的细胞制造出来后一个一个地粘起来。

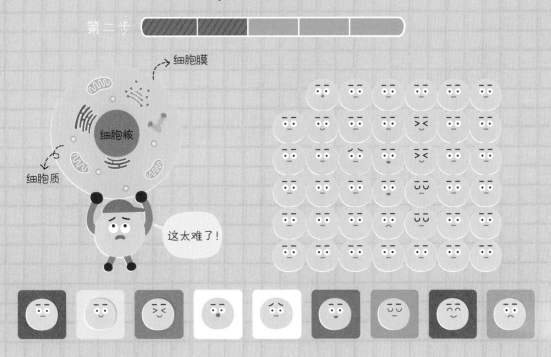

还需要设计图

　　说到设计师，你首先想到的是服装设计师吧。其实很多领域都有设计师，比如设计建筑物或商品外包装的设计师。

　　设计师会把自己的想法先画成设计图，也就是把作品的结构、形状、尺寸等用图画来表现。

　　要制作的作品越复杂，设计图里包含的信息也会越多。那要制造像人体这么复杂的作品，设计图里应该会包含非常多的信息吧？

DNA——载有生命秘密的设计图

如果有人体设计图，那应该藏在我生命开始的那个受精卵里吧。

"等一下，不是说受精卵就像沙粒那么小吗？"

对，比沙粒还要小很多的细胞核里藏着惊人的设计图。

被称为 DNA 的化学物质有着细长的结构，它就是载有生命秘密的设计图。

除了生殖细胞的细胞核以外，其他细胞核内均有 46 条**染色体**。染色体由 DNA 和蛋白质组成，人类的遗传信息就储存在 DNA 里。DNA 是储藏、复制和传递遗传信息的主要物质基础。四种脱氧核苷酸连接成长链，并微微扭曲成双螺旋形状，通过各种组合，记录了非常多的遗传信息。

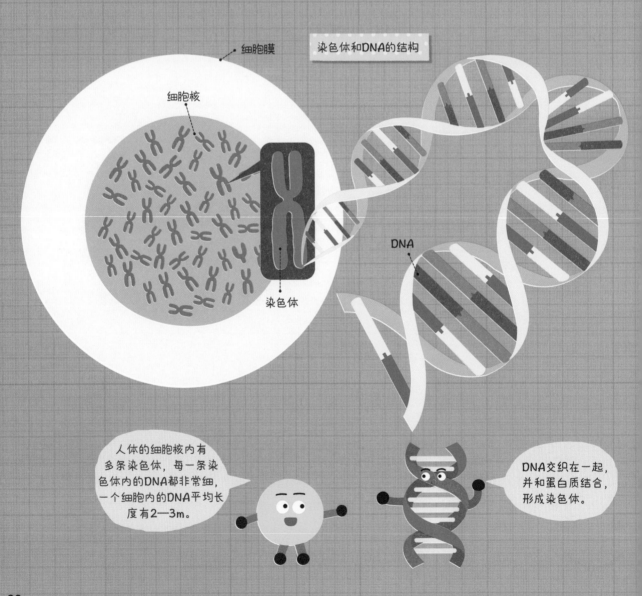

DNA是载有人类遗传信息的设计图。我们的身体由近100万亿个细胞组成，除生殖细胞外，其他细胞的细胞核里包含46条染色体。染色体由DNA和蛋白质组成。

惊奇问答

将所有细胞的DNA连起来后会有多长呢？

如果把一个人身体里所有细胞的DNA连成一条线的话，长度大概有多长呢？

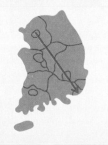

440 km × 4.5

1 约2000千米

× 500

2 约2000万千米

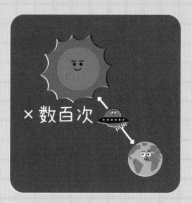

× 数百次

3 约2000亿千米

答案：3

约2000亿千米。2000亿千米可是在地球和太阳之间往返数百次的距离。

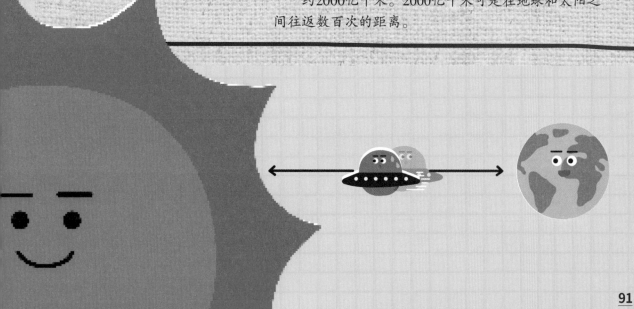

机器人
也会死吗？

衰老
和死亡

义务教育科学课程标准

人体的生命安全与生存环境密切相关

义务教育生物课程标准

细胞是生物体结构和功能的基本单位

我弟弟最近迷上了一个玩具，是一个通过变

身卡将小汽车变为机器人的玩具。

他还会一边喊口号，一边和朋友进行比赛。

我刚开始并没有什么兴趣，

但是和弟弟一起看完动画片之后，

我感觉那些小汽车好特别。

如果真有能变成机器人的车该多好！

但是有一天弟弟没精打采地回到家。

他说他不小心把最心爱的小汽车弄坏了。

看到伤心的弟弟我突发疑问：

"机器人会死吗？

还是机器人永远都不会死？"

机器人不会死

和其他的机器一样，机器人用久了会出现各种故障而最终停止工作。但这样能说机器人死了吗？

不能，因为把有故障的部件换成新的，它就可以再次运作起来了。死亡可是没有办法逆转的事情。

所以，机器人可以恢复到原始状态就不能称之为死亡。

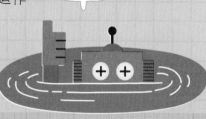

我还会回来的。

你听说过半机械人吗？

半机械人是除了大脑外的身体部分均由机器构成的改造人。科幻小说的未来世界中经常会出现，他们的大脑是人类的，所以和纯粹的机器人不一样。

目前电子假肢、人工心脏、人工肾脏等领域有很多新进展。可以用这些新部件把人体生病的部位换掉，新部件在人体的细胞世界中进行着一样的工作。在一秒之内会有数百万个衰老的细胞被新细胞所替代。

就在你阅读的这个瞬间，已经有无数个细胞形成、长大、衰老直至死亡。

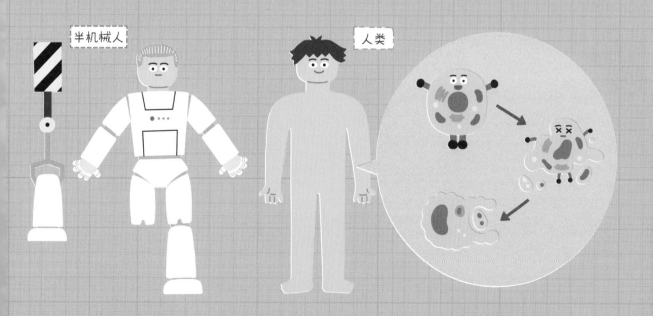

半机械人

人类

细胞为什么会死亡？

几乎所有种类的细胞死亡，都是人体内的生命活动对细胞造成的损伤导致的。如果人体器官受损的细胞过多，就无法正常发挥其功能了。

细胞的种类不同，细胞的寿命也不同。

通常红细胞在持续搬运氧气约 4 个月之后面临死亡，而白细胞种类较多，寿命从几天到 1 年以上不等。皮肤细胞一般 2—3 周就会被新的皮肤细胞替换。但是也有细胞在死亡之后不会有新细胞，那就是构成人脑的神经细胞。

人脑的神经细胞承载着我们所学习到的知识，还有回忆等。如果衰老的脑细胞死后被替换成新细胞，我们就需要从零开始学习已熟悉的所有东西了。

呜呜，红细胞，你快起来！

不要啊！

什么是衰老？

自出生后的 25 年中，人会逐渐变得强大。

大部分人在 25 岁左右拥有最坚硬的骨骼和结实的肌肉。包括大脑，几乎所有的人体器官都会在这个时间段达到顶点。

50 岁之后，人体会以相当快的速度**衰老**。这时皮肤会变薄，长皱纹，头发会变细变白，肌肉和骨骼变脆弱，感官变得迟钝。人体几乎所有细胞的活动都逐渐变得缓慢。

直到重要器官系统无法发挥其功能时，人也就会面临死亡。

是什么引起了衰老？

●细胞死亡●
设计图

任何人都无法躲避衰老和死亡，衰老最根本的原因是细胞衰老。衰老的细胞越来越多，我们的身体就会自然而然地停止工作。

细胞的衰老与细胞核里的染色体，以及DNA的结构有关。DNA拥有"制造"人体的设计图，同时还拥有控制死亡的设计图。

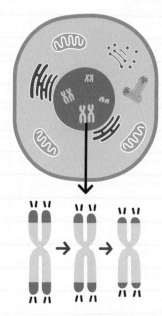

端粒的秘密

细胞核中染色体的末端有个叫作端粒的结构。端粒由几百至数千个短而重复的序列组成。

科学家们认为端粒的这种特殊结构会保护染色体。细胞每分裂一次，染色体顶端的端粒就会缩短一点儿，当端粒变得太短，细胞无法再分裂时，就无法产生新细胞来代替衰老的细胞，细胞就会面临死亡。

端粒

重点笔记

人体的细胞都会经历出生、生长、衰老、死亡的过程。所有细胞的活动会逐渐变缓，细胞老化，叫作衰老。染色体末端的端粒变得太短时，细胞无法继续分裂，最终面临死亡。

惊奇问答 **下列哪一个不是衰老的表现？**

❶ 皮肤会变厚。

❷ 关节会磨损而变得走路困难。

❸ 牙和牙龈变弱，牙齿会容易脱落。

❹ 会出现骨骼变细变弱的骨质疏松症。

❺ 毛发根无法生成黑色素导致头发变白。

答案：1

衰老的过程中皮肤会变薄变弱，长皱纹。虽然老人们因衰老不得不经受各种不便，但发达的现代医学会为他们提供越来越多的帮助。

为什么会有双胞胎呢？

遗传

义务教育科学课程标准
生物体的遗传信息逐代传递

义务教育生物课程标准
生物体的性状主要由基因控制

上周我们班里来了一名叫徐俊的转校生。

老师让他坐在我前面的位置。

我们很快成了朋友。

有一天，我在操场踢足球时看到徐俊路过。

我笑着向他招手，但他却直接走开了。

我追到他后面，喊他的名字。

他转头看着我，有点尴尬地对我说道：

"我是徐俊的弟弟。"

我这才发现虽然他们的脸和发型都一样，

但是衣服不一样，转校生原来是双胞胎。

为什么会有双胞胎呢？

同卵双胞胎和异卵双胞胎

你周围有双胞胎吗？

双胞胎是指母体一次孕育两个胎儿的情况。

我们一般能一眼认出来的双胞胎是长得一模一样的**同卵双胞胎**。

同卵双胞胎是一个受精卵在细胞分裂的时候，被分成两个，并同时在妈妈的子宫里成长，最终两个孩子一同出生的情况。因载有遗传信息的 DNA 设计图是一模一样的，所以长相也几乎相同。当然，同卵双胞胎在不同的环境中长大，长相也会变得有些不同。

异卵双胞胎是妈妈的卵巢同时排出两个卵子，之后分别受精，在妈妈子宫里一起发育至成熟的双胞胎。所以异卵双胞胎长相不同，性别也有可能不一样。

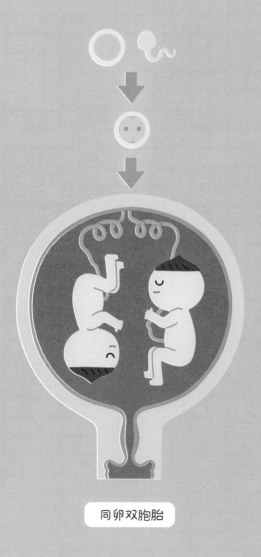

同卵双胞胎

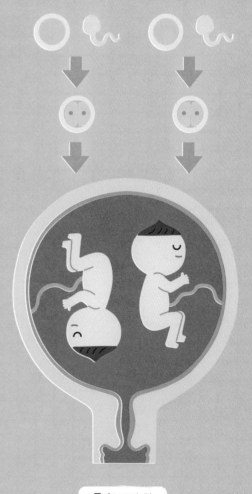

异卵双胞胎

动物也有双胞胎吗？

我们家的白狗同时生了 6 只可爱的小狗。

神奇的是小家伙们的长相差不多一样，但是皮毛颜色都不一样，有白色的，有黑色的，还有黑白混合的斑点狗。现在想想，那些小狗应该也是异卵双胞胎吧。不对，异卵指的是有两个卵子，那是不是应该说是多卵双胞胎？

其实双胞胎这个词只适用于人类。

哺乳类动物中一次生多个宝宝的动物有很多，但除了人类以外，动物生同卵双胞胎的情况并不多见。

什么是遗传？

刚才说到同卵双胞胎所携带的遗传信息一模一样，所以才会长得一样。那这里说的**遗传**是什么意思呢？

狗会生小狗，马会生小马，牛会生小牛，鸡蛋会孵化出小鸡。如果狗生的是老虎，或马生的是大象才奇怪呢！

所有的物种都有其特征，就算是同种生物，每个个体也会有只属于自己的特征。遗传物质携带的遗传信息从上代传到下代，叫作遗传。

我的爸爸妈妈在哪里呢？

爸爸！

遗传有规律吗?

奥地利的遗传学家**孟德尔**首次科学地研究遗传现象。孟德尔用豆科植物豌豆进行研究并发现了遗传规律——纯种圆豌豆和有皱纹的豌豆杂交后收获的都是圆豌豆,杂交圆豌豆的后代中,圆豌豆和皱纹豌豆出现比例为3 : 1。

不过人类的遗传远比豌豆复杂,会出现很多中间特征,所以一对父母生出的兄弟姐妹也会大有不同。但是也有按规律遗传的特性,比如 ABO 血型等。

A型的基因型有AO和AA两种。

A型,B型,AB型,O型叫表现型。

什么是遗传基因?

细胞的活动决定了我们人体内所发生的一切。

那每个细胞是如何知道自己现在该做什么呢?

这个答案就在遗传基因里。**遗传基因**可以说是传递遗传信息的密码,组成染色体的 DNA 片段上排列着 2 万多个遗传基因。

这些遗传基因就像给我们细胞下达的命令,告诉我们构成人体的方法和所需物质的制造方法。

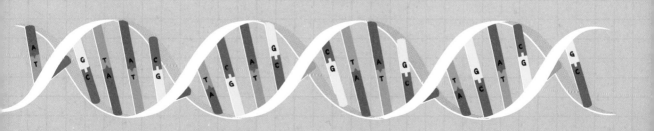

哪里长得像呢？

很多人觉得自己的某个部位长得像爸爸，某个部位长得像妈妈。
眼睛像爸爸，脸型像妈妈，鼻子像爸爸……

当然，也有人会认为，我一点儿都不像我的爸爸妈妈。

但是实际上，有这样想法的人也会有很多长得像父母的地方。

具体哪里像呢？那就是细胞核内的遗传基因。

一个人拥有的所有的遗传基因，一半来自妈妈，一半来自爸爸。
这些遗传基因会以各种各样的方式结合，形成独一无二的我和你。

现在我们可以这样说："我的细胞跟爸爸妈妈的很像！"

重点笔记

遗传物质携带的遗传信息从上代传到下代，叫作遗传。DNA里承载的父母的遗传信息会传给后代。构成染色体的DNA片段上分布着遗传基因，它们就像按一定顺序排列的密码。

· **惊奇问答** ·

寻找血型！

我的血型是 A 型，弟弟的血型是 B 型，妈妈的血型是 AB 型，那爸爸的血型是什么呢？

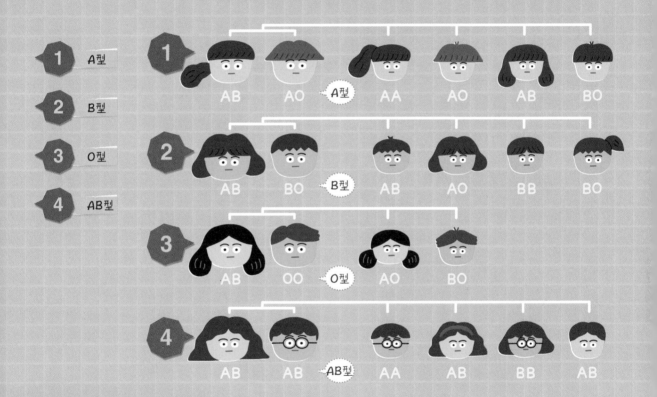

1　A 型

2　B 型

3　O 型

4　AB 型

答案：1, 2, 3, 4

❶ AB和AO组合可以产成AA、AO、AB、BO基因型。

❷ AB和BO组合可以产成AB、AO、BB、BO基因型。

❸ AB和OO组合可以产成AO、BO基因型。

❹ AB和AB组合可以产成AA、AB、BB基因型。

这里A、B、O代表遗传基因，A型血基因型是AA和AO，B型血基因型是BB和BO，AB型血基因型是AB，O型血基因型是OO。

未来可以把梦境记录下来吗？

义务教育科学课程标准
人体由多个系统组成

义务教育生物课程标准
人体各系统共同完成生命活动

昨天晚上我梦见自己变成很酷的间谍，
在其他国家进行秘密侦探活动。
但是早上醒来之后，几乎什么都想不起来了。
听说有些科学家在研究读取人类梦境
或想法的方法。
他们认为大量积累大脑活动的数据后，
可用人工智能进行解析、读取人类的梦境或想法。
那是不是有一天人们可以把梦境
下载下来拍成电影？
又会不会有人偷偷读取我的想法呢？

读取想法？

我们可以通过扫描大脑形成的图像或对脑电波的记录来知晓大脑的活动。

扫描大脑意味着观察大脑的思维过程。

功能性磁共振成像（即 fMRI），是利用强大的电磁场来追踪人脑中富氧血液的流动，实时呈现大脑活动情况的机器。追踪血流很重要，是因为人脑活动频繁的区域会被提供更多的氧气。

所以通过 fMRI 分析，就可以知道人脑的哪个区域有频繁的活动。与思维相关的 fMRI 资料累积得越多，就越能准确地利用人工智能来了解人在思考什么。

另外，人们也在研究在没有鼠标或键盘的情况下，如何通过思维来控制电脑。

如果能成真的话，就可以按人脑思维的速度用电脑写文档了，那真是太方便了。

但万一有人偷偷读取我的思想，操纵我怎么办？想想真是令人毛骨悚然啊。

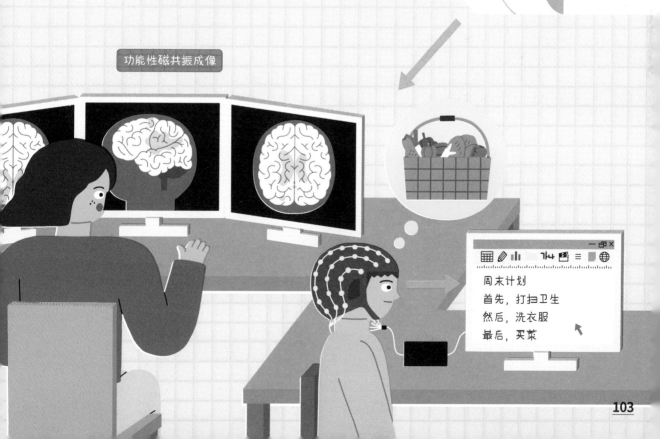

功能性磁共振成像

周末计划

首先，打扫卫生

然后，洗衣服

最后，买菜

会"思考"的脑

通过脑，我们可以思考很多事情。

与其说我们在思考，不如说脑在思考。

除了思考之外，脑还会做很多事。

我们的脑每时每刻都会通过各种感觉器官来感受周围的世界，监测每个瞬间的体温或体内水分含量，同时调节身体机能。

但是我们一般说"动脑""用脑"，都是指"思考"的时候。

什么是思考？

思考是考虑或判断某件事或某个东西。

这样说是不是不太能理解？

我们不如先来了解一下思考的时候都会发生什么事情。当我们思考的时候，无数电信号和化学信号会沿着脑中复杂的路径快速移动。

可以说，思考相当于我们脑中出现的无数信号的闪烁。

味道应该是甜的……

你喜欢学习吗？

这个问题的答案当然是肯定的！

其实包括我们学生在内的所有人都是喜欢学习的。

怎么，你不相信？想象一下，如果这个世界出现某个恐怖的独裁者禁止所有人学习会怎样呢？如果我们真的什么都学不了又会怎么样呢？

说话、走路、用筷子、骑自行车、踢足球、唱歌、跳舞、使用电脑……所有这一切，我们都无法学习的话，那真是太难受了。

什么是学习？

当我们学习新知识或有新体验时，我们大脑的神经细胞之间会产生新形态的电信号。同样的事情反复做的话，这个电信号就会越来越强烈。

比如，回忆一下你第一次骑自行车的情形。刚开始要学会掌握平衡，反复两三次后，脑的信号就会越来越强烈，并且逐渐熟悉这个过程。

令人惊讶的是，只要一想到自行车，人脑中就会发出同样的信号。所以当你学习新东西时，多次回忆也会很有帮助。

马儿快跑啊！

重点笔记

思考的时候，人脑中有无数的电信号和化学信号会沿着复杂的路径快速移动。学习新东西或有新体验的时候，人脑也会产生电信号，越反复电信号就会越强烈。fMRI装置就是扫描人脑活动的机器。

· 惊奇问答 ·

你离不开的某个东西，是什么呢？

唱歌、跳舞、考试、听声音、系鞋带、认出朋友、说话、走路……做这些事情离不开一样东西，那是什么呢？

1 钱　　**2** 记忆　　**3** 想象力

答案：2

我们学习到的东西会以特殊形态的信号贮存在脑中，我们可以通过人脑重现这种体验。那就是记忆。

细胞越大越好吗？

细胞

义务教育科学课程标准
细胞是生物体结构的基本单位

义务教育生物课程标准
细胞是生物体结构和功能的基本单位

我最近在玩一款饲养细胞的游戏。

游戏刚开始是小点一样大的细胞，

它会通过吃更小的细胞不断成长。

但是细胞在吃其他小细胞的过程中，

一旦被比它更大的细胞吃掉，游戏就会结束。

在游戏中，细胞越大就可以吃更多的小细胞。

不过细胞越大，速度也会变得越慢。

那实际人体内的活细胞是什么样的呢？

也是越大越好吗？

团聚才能活，分散就会死

构成我们人体的近 100 万亿个细胞是由一个受精卵细胞分裂而来的。

这些细胞团聚才能活，分散就会死。细胞们团聚在一起会构成人体，而分离出去的细胞过不了多久就会面临死亡。

也就是说形成我们人体的细胞要在互帮互助下才能生存。

细胞为什么要分裂？

你们吃过糍粑吗？

糍粑是用糯米蒸好后，用糕杵击打，再切成四四方方的块状，裹上豆粉制成的糕点。

想象一下，一种是你手里拿着一整块糍粑，直接裹上豆粉；一种是把糍粑切成可以放进嘴里的小块，再裹上豆粉。

哪种需要更多的豆粉呢？

你会发现后者需要更多的豆粉。

试想糍粑就是细胞，豆粉就是给细胞提供的营养物质和氧气。

细胞太大的话就无法充分提供其所需的营养物质和氧气，而且在生命活动的过程中也很难将细胞形成的代谢物排出来，所以我们的人体才会由那么多的小细胞组成。

填补空缺

人体在 1 秒钟内会有数百万个细胞死亡，所以需要不断地分裂出相同数量的细胞才能维持正常的人体功能，也就是通过细胞分裂来不断填补死亡细胞的空缺。

大部分细胞可由一个分裂成两个，形成新细胞，但也有一些不再分裂的细胞。

成年人的心脏或大脑中有很多这样的细胞，而不再分裂的细胞会伴随我们的一生。因此我们要好好维持细胞的健康。

细胞分裂现场！

细胞想要分裂的话，需要提前做好准备。

它需要先把自己养大，再把遗传物质，也就是细胞核中的 DNA 复制成两份，因为通过细胞分裂形成的子细胞要拥有和母细胞同样数量的遗传信息。

准备工作结束之后，母细胞核的染色体会一分为二。随后细胞核一分为二，这个过程叫作**核分裂**。

这时，有两个核的细胞会从中间开始分开，最后分裂成各自有一个核的两个子细胞。

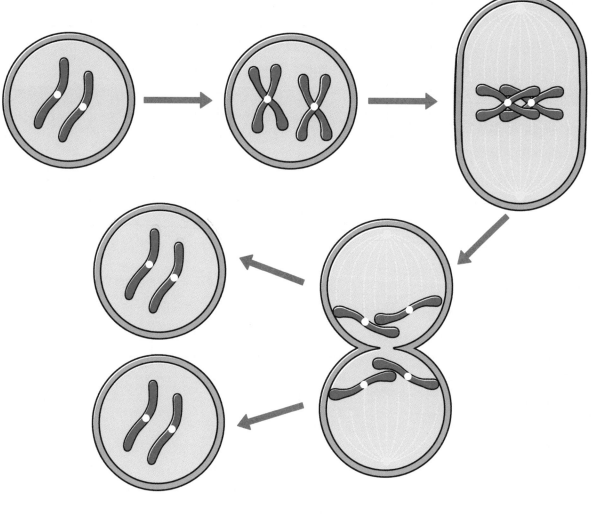

由一个细胞组成的生物体叫单细胞生物，比如草履虫、阿米巴原虫、眼虫等。

对于这样的生物来说，细胞分裂就是生殖。也就是说母体会一分为二，形成两个新的个体。像这样，不经过雌雄两性生殖细胞的结合，只由一个生物体产生后代的生殖方式叫无性生殖。

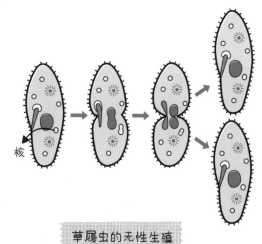

核

草履虫的无性生殖

欢迎来到细胞内部!

肌肉细胞、血细胞、神经细胞、肝细胞、骨细胞、脂肪细胞、皮肤细胞……我们体内的细胞种类有 200 多种。

这些细胞因发挥的作用不同长相各异,但基本结构几乎是一模一样的。

所有细胞都拥有细胞核、细胞质和细胞膜。

细胞膜是包裹、保护细胞的薄膜,是联系细胞内外环境的通道,在物质运输、能量交换和信息传递过程中起重要作用。

细胞核是细胞的控制中心,在细胞的代谢、生长、分化中起着重要作用,是遗传物质储存、复制和转录的场所。

细胞质是细胞内除细胞核外的全部物质,是稍微有些黏稠的液体,各种小细胞器漂浮在细胞质中。

细胞质中都漂浮着什么呢?

细胞质中漂浮着线粒体、核糖体、内质网、溶酶体等多种细胞器。

长得像蚕蛹的**线粒体**,是给细胞提供能量的细胞"发电厂";看起来像小豆子的**核糖体**会生成蛋白质;呈囊状、泡状和管状结构的**内质网**会输送包括蛋白质在内的各种物质;**溶酶体**会将衰老损伤的细胞器和进入细胞内的有害物质进行分解。

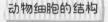

动物细胞的结构

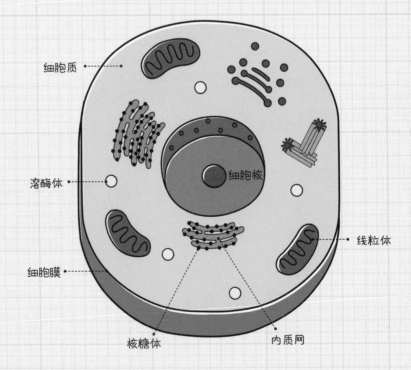

细胞质

溶酶体

细胞核

线粒体

细胞膜

核糖体

内质网

· 惊奇问答 · **只存在于植物细胞中的细胞器是什么？**

植物也像动物一样有细胞。那只存在于植物细胞中的细胞器是什么呢？

1 细胞核　**2** 细胞膜　**3** 叶绿体　**4** 细胞壁　**5** 线粒体

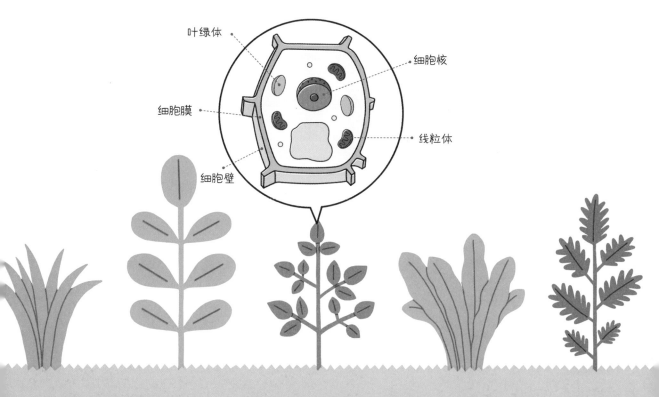

答案：3,4

绿色细胞器叶绿体会利用光能形成养分。包裹细胞膜的细胞壁有助于维持植物细胞的形状。细胞核、细胞膜和线粒体是动物细胞和植物细胞都拥有的部分。

为什么体重很难降下来？

妈妈和爸爸在定期体检中检查出脂肪肝。

脂肪肝就是肝细胞内堆积了过多脂肪，

会影响肝脏的正常功能。

过度饮酒、糖尿病、肥胖都有可能引起脂肪肝。

医生说因为不是很严重，

只需加强运动就可以了。

但是有一点很奇怪。

开始运动之后，爸爸减了5千克，

但是妈妈的体重却没有减下来。

明明妈妈看起来比之前瘦了啊，

为什么妈妈的体重都没有变化呢？

运动会使体重增加?

想象一下,你的两只手中各拿着一块牛肉。一块大部分是肥肉,另一块大部分是瘦肉。当肥肉和瘦肉的体积一样时,哪一边会更重呢?

是不是觉得瘦肉会更重?

确实是这样哟。相同体积的肌肉约是相同体积肥肉的 3 倍重。

人也是一样的。经过运动之后,肌肉的量会有所增加。所以就算身体脂肪含量减少,体重也可能会增加。

什么是长胖?

人们经常会说到长肉或掉肉,这里说的肉是包括皮肤和皮肤下的脂肪、肌肉的统称。

长肉就是身体脂肪含量增加了,我们通过运动锻炼肌肉就不叫长肉。

肥胖指体内脂肪堆积过多的状态。肥胖除了引发脂肪肝,还有可能引发各种问题。比如患糖尿病、高脂血症、关节炎、心血管病的可能性会增加。甚至有研究结果表明,肥胖和癌症也有关系。

如何判定肥胖？

最容易判定肥胖的方法是通过比对 **BMI 值**，即身体质量指数。

BMI 是体重（kg）除以身高的平方（m^2）的值，单位是 kg/m^2。

在中国，BMI 18.5 以下是偏瘦，18.5—24 是正常，24—28 是超重，28 以上是肥胖。

不过，根据世界卫生组织的标准，BMI 30 以上是肥胖。

也就是说 BMI 是 28 的时候在中国是肥胖，但在有些国家不属于肥胖。

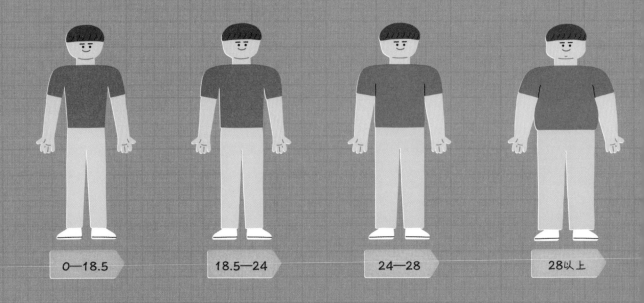

| 0—18.5 | 18.5—24 | 24—28 | 28以上 |

用 BMI 来判定肥胖准确吗？

肥胖是体内脂肪堆积的状态，就算身高和体重一样，有些人肌肉更多，有些人脂肪更多。所以就算 BMI 一样，也会有脂肪多和少的区别。

也就是说，并不是 BMI 越高，就绝对是肥胖。所以为了准确了解肥胖的程度，还需要通过其他办法来确定肌肉和脂肪的量。

肥胖的原因和预防的方法

❶
因激素异常等疾病导致的肥胖，这时治疗疾病更重要。

❷
因老化导致肌肉萎缩，能量消耗减少，身体脂肪增多，这时需要适当增加运动。

❸
摄入的能量比通过运动消耗的能量更多，这时需要改变生活习惯，适量饮食，加强运动。

什么是食疗?

食疗是利用饮食达到治疗某种疾病的方法。最近食疗常被用于减肥。饿肚子或者只吃单一食物的减肥方法有害健康。特别是在成长期，要小心体重过轻引发生长发育不良、贫血、体力下降等问题。

重点笔记

肥胖是指摄入的能量比消耗的能量更多，体内脂肪过量堆积的状态。一般用BMI来判定肥胖，但同时需要了解脂肪的量和分布才能更准确地判定肥胖。

· 惊奇问答 ·

内脏之间会夹着脂肪吗?

因内脏脂肪过量堆积，导致男性的腰围在 95cm 以上、女性的腰围在 85cm 以上，这种肥胖叫什么呢?

 腹部肥胖　 河豚肥胖　 福袋肥胖

答案: 1

我们体内的脂肪分为皮下脂肪和内脏脂肪。内脏脂肪是内脏之间夹着的脂肪，主要会让肚子凸显出来。

内脏脂肪过多，罹患糖尿病、心血管相关疾病的可能性就会增加。

驯鹿苔藓居然是一种地衣？

共生和寄生

义务教育科学课程标准
植物通过多种方式进行繁殖

义务教育生物课程标准
微生物

我和妈妈一起看了一部纪录片，
讲述的是一位老奶奶照顾驯鹿的故事。
老奶奶独自生活在瑞典北极圈的一座偏僻的房子里，
一到冬天，她就会在仓库堆满驯鹿苔藓，
洗好之后给驯鹿吃。
驯鹿们会穿过白雪茫茫的田野，
来找老奶奶吃苔藓。
但是看纪录片时，我发现老奶奶给驯鹿们的苔藓
跟我所知道的苔藓长得很不一样。
颜色不一样，形状也不一样。
那驯鹿苔藓真的是苔藓吗？

北极圈
北极圈指的是地球上北纬66°34′纬线圈。
由于寒冷，北极圈以北区域内生物种类相对较少。

驯鹿苔藓其实叫驯鹿地衣

你们吃过石耳吗？石耳又叫岩菇，是一种有弹性且具独特香味的食物，属于地衣类生物。

驯鹿苔藓也一样，虽然叫苔藓，实则属于**地衣类生物**。

所以驯鹿苔藓叫驯鹿地衣才更准确。

驯鹿苔藓（驯鹿地衣）

什么是地衣类？

地衣是植物界中一类特殊的植物，是藻类或蓝细菌与真菌的共生体。

藻类进行光合作用制造有机物质，为菌类提供养分。真菌类将藻类或蓝细菌包在其中进行保护，并为其提供水分、无机盐。所以，地衣类其实是菌类和藻类的共生体。

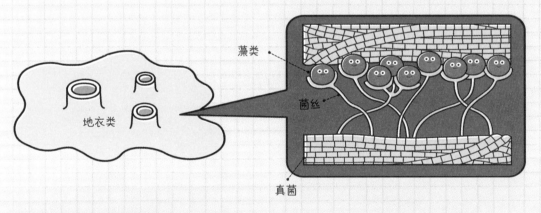

地衣类

藻类

菌丝

真菌

共生是什么意思呢？

这个世界上很多生物都会互帮互助。

人类也是一样的，你可以想象一下我们的日常生活。我们成长、上学、走入社会，这期间需要依靠很多人的帮助。光是我们饭桌上的食物都不知道经过了多少人的劳动呢。不只是人类，很多动物也会帮助其他动物。但是**共生**并不是指同种类生物之间的帮助，而是指不同种类的生物形成紧密互助的关系。

共同受益

互利共生的生物中最广为人知的是小丑鱼和海葵。

小丑鱼是《海底总动员》动画片里的主人公，而海葵的触手有毒，通常会定居一处。小丑鱼多亏有体表黏液的保护，才可以避免被触手蜇伤。

小丑鱼会将海葵当成自己的家，并在触手之间排卵，养育后代。小丑鱼可以为海葵提供养分，它们在海葵的触手之间游动也可以使海葵附近的海水更为新鲜。

像这样对双方都有帮助的相互关系，叫**互利共生**。

寄居蟹和海葵，豆科植物和根瘤菌也是互利共生的生物。

我们是最棒的搭档。

只对一方有益

还有一种情况是，两种生物共生只对一方有益，对另一方没有影响。

你在电视上看到过水牛吧？水牛生活在亚洲草丛茂密的河边或沼泽地附近，它那对像弓一样弯曲、又黑又硬的角非常酷。水牛从草丛中走过，会吓得草丛中的虫子们四处逃窜。牛背鹭会追随其后，轻轻松松地吃掉这些虫子。

水牛和牛背鹭之间的关系就是牛背鹭会收获巨大利益，但对水牛来说没有任何影响。

像这样只对一方有益的共生关系叫**偏利共生**。

海参和珍珠鱼，大树和依附在树上生存的地衣之间也有偏利共生的关系。

收获真大啊！

对一方有益，对另一方有害呢？

共生关系中还有一种对一方有益，对另一方有害的情况。

想一下今天早上我们离开的床铺，是不是温暖又舒服呢？但感觉到温暖的可不止我们。

我们如果拿着显微镜仔细看，就会惊讶地发现，那上面竟然生活着非常多的螨虫。螨虫一边在被子上慢悠悠地走着，一边吃人身上掉落的死皮细胞。

螨虫的尸体和排泄物是人们患过敏性鼻炎或皮肤炎症的原因之一。也就是说螨虫会从人身上获益，但人却深受其害。这种关系叫**寄生**。人和头虱、臭虫、跳蚤等昆虫，蛔虫、绦虫等寄生虫之间就是寄生的关系。

> 怎么这么痒呢？

> 真是适合我们生活的好地方啊。

重点笔记

生物在生存过程中会相互建立各种各样的关系：不同种类的生物生活在一起互帮互助叫互利共生；对其中一方有益，却对另一方没有影响的叫偏利共生；而对一方有益，对另一方有害的关系叫寄生。

▶ **惊奇问答**

我们之间是什么关系呢？

我们在观察植物的时候，有时会看到蚂蚁和蚜虫在一起，它们之间是什么关系呢？

答案：1

 互利共生　② 偏利共生　③ 寄生

蚂蚁和蚜虫是互帮互助的关系。蚂蚁会保护蚜虫免受瓢虫等天敌的攻击，蚜虫会把尾部排出的蜜露给蚂蚁。

为什么北极熊是白颜色的?

自然选择

义务教育科学课程标准
不同种类的动物具有不同的发育过程

义务教育生物课程标准
多种多样的生物是自然选择长期进化的结果

呆萌可爱的北极熊生活在
白雪茫茫的大海边。

它们可以在大海里自由地游泳。

但是不知从何时开始,

地球渐渐变暖,冰雪融化,

北极熊在野外生活的空间急剧减小。

不过,北极熊为什么是白色的呢?

白色会反射光线,黑色会吸收光线。

按理说,在寒冷的北极地区有黑色的皮
毛应该更保暖才对。

北极熊体形很大,也不需要因为害怕其
他动物的伤害而藏身啊。

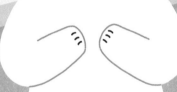

捕猎者也要隐身！

提到隐身，我们一般觉得那是弱小的猎物才会有的行为，强者隐身似乎不符合身份。

但是在自然界，捕猎者也和猎物一样，不能被对方看见。作为草原之王的狮子也会在接近猎物时隐藏起来。

北极熊以鸟类、鱼、海豹、驯鹿为食。如果北极熊是身黑色的皮毛，猎物很远就能看见它，那么它就抓不到这些机灵的动物，只能饿肚子了。

快跑啊！

哪种选择更有利呢？

在白雪皑皑的地区，我们会看到很多白色的动物：北极熊、雪鸮、北极鸥……

像北极狐和北极兔，它们会在大雪融化后大地裸露的夏天换上褐色皮毛，然后在白雪茫茫的冬天换上白色皮毛。

这些动物都没有选择保暖的黑毛，而是选择白毛，是因为比起黑毛，白毛带来的好处更多。

它们用白色来藏身，再用毛和厚厚的皮下脂肪来保暖。

品种繁多的狗

光看外表，我们很难认为藏獒和吉娃娃是同种类的动物。

我们是先知道它们都是狗，然后才认为它们是同种类的动物。

狗的种类多，颜色也很丰富，有白色、黑色、褐色等。狗的体形有大有小；毛有长有短，有软有硬；脸型有圆有长；耳朵有长长的垂下来的，也有短的竖起来的。

狼是怎么变成狗的？

所有的狗都是野狼的后代。

野狼历经几万年的品种改良，才变成了如今品种繁多的狗。

人们挑选喜欢的品种，让它们繁衍后代，逐渐形成不同的品种。有人喜欢特别的长相，有人喜欢可以帮助人类捕猎或拉雪橇等具有特别能力的狗。

像这样，人类选择有特殊性状的生物，让它们繁衍，使其朝着人们的意愿改良和培育，叫**人工选择**。

人工，也就是说不完全依靠自然，而是被人类的力量改变了的生物。

不只是狗，还有水稻、白菜、玫瑰、鸡等，我们养的几乎所有的动植物都是通过这样的人工选择形成的。

1 约4万年前，人类的身边还没有狗。当时只有狗的祖先——野狼。

2 冰河时期人们捕猎巨大的动物，并把吃剩的肉留下。有些狼会吃那些肉，并守护人类免受猛兽的攻击。也就是说当时他们会互相帮助。

3 约1万年前，人类开始在一个地方聚居，正式驯化狼，并按自己的喜好选择拥有相关性状的狗来饲养。

4 通过品种改良，人们驯化出可以捕猎、放牧、看家等做各种事情的狗。现在世界各地有数百个品种的狗生活在人类身边。

狗是被人类选择的！

自然也会选择！

我们都知道猎豹是跑得非常快的动物。但是并不是所有的猎豹都会跑得一样快。

那么速度快的猎豹和速度慢的猎豹哪一个会活得更好呢？

虽然跑得快的猎豹也有死得早的，跑得慢的猎豹也有活得久的，但是跑得快的猎豹活得久的可能性更大，也就有机会繁衍更多的后代，活得更好些。

也就是说，跑得快的猎豹，脖子长的长颈鹿，和树枝长得一样的竹节虫，把橡子丢得更远的橡树等会被大自然选择。

像这样，生物在生存斗争中适者生存，繁衍后代，不适者被淘汰的现象，叫**自然选择**。

这个理论是英国著名生物学家达尔文提出的。

橡树

竹节虫

猎豹

生物适者生存，不适者就会被淘汰。

长颈鹿

人们按照自己的意向改良生物的性状的过程叫作人工选择。自然界生物适者生存，不适者被淘汰的现象叫作自然选择。

来找一找囊鼠的特征！

北美洲的某个沙漠中生活着许多亮褐色的囊鼠，某个区域覆盖着很久之前流出的玄武岩岩浆。那么住在这个区域的囊鼠会有什么样的特征呢？

 1 体形更大   **2** 皮毛是暗色的   **3** 指甲更尖

答案：2

玄武岩是黑色或深灰色的。因此住在这里的囊鼠也会因自然环境改变皮毛的颜色。

动物们也会以大食小吗？

食物链和生态系统

义务教育科学课程标准
生态系统由生物与非生物环境共同组成

义务教育科学课程标准
地球上存在不同类型的生物

义务教育生物课程标准
生态系统中的物质循环和能量移动

我收到了一个礼物，

是俄罗斯套娃。

打开大的娃娃，里面会出来小的，

再打开就会出来更小的，

一一排开，总共是七个娃娃。

我突然觉得小娃娃是被大娃娃吃掉的，

就像小鱼会被大鱼吃掉，

大鱼又会被更大的鱼吃掉一样，

动物们也会像俄罗斯套娃那样总是

大动物吃掉小动物吗？

动物之间的吃与被吃的关系有什么规

律呢？

食物链是什么呢？

在自然界中吃与被吃的关系开始于植食动物吃植物。

你可以想象一下牛、鹿、兔子、蚂蚱等动物吃植物的平和景象。

但是接下来展开的景象却是血腥的。

那就是食肉动物吃植食动物，比如狐狸吃兔子，然后狐狸会被比自己更大的老虎吃掉；老鼠吃蚂蚱，然后老鼠被猫头鹰吃掉。

但是也不总是大动物猎杀小动物，比如狮子会猎杀水牛等比自己更大的动物。

像这样，生物间这种一连串的吃与被吃的关系叫**食物链**。

食物网是什么呢？

以青草 → 蚂蚱 → 老鼠 → 猫头鹰构成的食物链也可以在其他方向建立联系。

蚂蚱会被麻雀吃掉，老鼠会被黄鼠狼或蛇吃掉。

青草 → 兔子 → 狐狸 → 老虎的食物链中，老虎可以直接吃掉兔子。

像这样，生物之间吃和被吃的关系形成的食物链相互交织成错综复杂的关系，构成**食物网**。

吃与被吃的关系也是有规律的！

生物之间吃和被吃的关系有什么规律呢？

第一，这个关系开始于进行光合作用的植物。像树或青草这样能通过光合作用制造养分的生物叫**生产者**。

第二，动物必须以其他生物为食。以其他生物为食的动物叫**消费者**。

青草 → 蚂蚱 → 老鼠 → 猫头鹰的食物链中蚂蚱是一级消费者，老鼠是二级消费者，猫头鹰是三级消费者也是最终消费者。被吃掉的一方是**被捕食者**，吃的一方是**捕食者**。

第三，能量会按照食物链和食物网传递。

也就是说，能量是按照生产者到一级消费者，到最终消费者的方向流动。

不要忘记分解者！

如果世界上只有生产者和消费者会变成什么样呢？

地球将遍布死去的植物和动物的尸体，河流和大海里漂浮着无数死鱼，地球将变成死亡星球。

还好地球上除了生产者和消费者以外，还有一些像小虫子、真菌、细菌等生物，在做着非常重要的事情，这些生物被称为**分解者**。

分解者会对这个世界上所有生物的尸体和排泄物进行彻底分解，分解物重归泥土、水和空气，这真是一件伟大的事情。它们使生命的物质可以在整个世界中循环，拯救了所有的生物。

生态系统是什么呢？

　　某一地区的所有生物，如河流、海洋、湖泊、岛屿、森林或小池塘等处的生物之间有各种各样的关系。如吃与被吃，或者共享生存空间，又或者相互竞争、互帮互助、一方寄生在另一方等。

　　生物和生物会互相影响，生物和环境也会互相影响。

　　光照、温度、水、土壤、空气等都会对生物的生活产生影响，同时也会受其影响。

　　就像这样，生物群落及其物理环境相互作用的自然系统叫**生态系统**。

　　一个地区的所有生物和环境会构成一个生态系统。在这个生态系统中能量不断地流动，物质不停地循环。

在一定区域内，生产者、消费者、分解者之间会有吃与被吃、互相竞争、互帮互助等多样的联系。生物会和非生物环境互相影响。就像这样生物群落及其物理环境相互作用的自然系统叫生态系统。

惊奇问答

在生态系统中谁最重要呢？

生态系统是生物和生物、生物和环境相互影响的系统。

你猜猜生态系统中谁最重要呢？

1 生产者　　　2 消费者　　　3 分解者　　　4 非生物环境

答案：1，2，3，4

　　生态系统中最重要的不是生产者、消费者、分解者和非生物环境中的某一个，而是上述这一切所维持的平衡。其中有一方出错，就会打破生态系统的平衡，致使许多生物面临巨大的困难。人类也是一样的。

石头、剪刀、布！

义务教育科学课程标准
生物的进化

义务教育生物课程标准
保护生物的多样性

义务教育生物课程标准
保护生物圈就是保护生态安全

石头、剪刀、布！

朋友教了我一种新型的石头、剪刀、布。

剪刀可以赢空气、布、海绵，

但会输给火、石头、水。

火可以赢布、海绵、剪刀，

但会输给石头、水、空气。

朋友说还有更难的，

并给我看了更多图片。

竟然有剪刀、火、石头、枪、闪电、恶魔、龙、水、空气、布、海绵、狼、树、人、蛇！

手势越多，输赢的关系也会变得越复杂。

那在生态系统中也会发生类似的事情吗？

3 到 21，21 到 105！

石头、剪刀、布中输赢的关系有 3 种。

手势增加到 7 个时，输赢的关系就会增加到 21 种。手势增加到 15 个时，输赢的关系总共有 105 种。这是我一个一个仔细数过的，还用数学计算过，所以可以相信我。与增加的手势相比，增加的关系会更多。

生态系统中也在发生同样的事情。

生物越多样化，生物之间就会有更多样化的关系。

地球上生活着多少种生物呢？

地球上大约有 170 万种生物。更让人惊讶的是，目前不断有新的物种被人们发现。

在赤道附近的热带雨林，或大洋深处，还生活着很多我们不知道的动植物。

相同，却又不同！

所有的人都是同一种生物，叫作智人。

但是每个人之间又有很多不一样的地方：身高不同，体重不同，长相不同，肤色也不同。甚至在同卵双胞胎之间都能找到不同点。

其实不止人类是这样的。看起来差不多的章鱼、海龟、锹形虫、蜗牛、栎树、波斯菊都各自有不同的特征。

像这样，同种生物之间出现少量不同特征的现象叫**变异**。

加拉帕戈斯地雀的种类是如何增加的？

厄尔多尔在太平洋东部的火山群岛——科隆群岛（加拉帕戈斯群岛）上，有超过 10 种的地雀生活在这里。

在火山岛形成后，第一次来到科隆群岛的地雀都是同一种类。

由于每个岛环境不同，适应环境的变异个体会存活下来繁育后代，通过自然选择久而久之演变成不同种类，如吃种子的地雀、吃仙人掌的地雀、吃昆虫的地雀等。

1 吃种子的地雀　　2 吃仙人掌的地雀　　3 吃昆虫的地雀

什么是生物多样性?

生物多样性指的是某个区域生活的生物丰富程度。

想要丰富生物多样性,首先该区域的生物种类要多。另外同种类的生物出现的特征越多,多样性越丰富。地球上有丛林、沙漠、滩涂、海洋、草原、湖、河流等多种生态系统,每一种生态系统中的生物种类都不一样,所以生态系统越多样,生物多样性就越丰富。

也就是说,生物种类、变异和生态系统三者的多样性越丰富,生物多样性就会越丰富。

生物多样性丰富有什么好处?

生物多样性越丰富,生态系统越能维持稳定的状态,生态系统就越不容易被破坏。

而且我们也可以获得各种各样的生物资源,生活在稳定的环境中。

现在你们知道保护生物多样性有多么重要了吧?

重点笔记

生物多样性指的是某个区域生活的生物丰富程度,生物越多样化,生态系统就会越稳定。在特定地区生活的生物种类越多,同种类的生物发生的变异越多样,生态系统越多样化,生物的多样性就会越丰富。

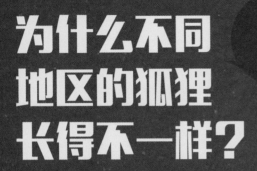

为什么不同地区的狐狸长得不一样？

适应

义务教育科学课程标准
生物能适应其生存环境

义务教育生物课程标准
地球上现存的生物是长期进化的结果

我们一家人难得去动物园玩了一圈。

翩翩飞舞的蝴蝶、

每次看起来都很有趣的猴子、

长颈鹿长长的睫毛让我流连忘返。

不过最让我着迷的还是沙漠狐。

见到它的一瞬间我仿佛变成了小王子。

狐狸似乎是因为长得漂亮，所以才是狐狸吧。

那北极狐和沙漠狐都是狐狸，

为什么生活的区域不同，

样子会这么不一样呢？

哪里不同？

沙漠狐和北极狐有很多不同点，其中最明显的是耳朵。

沙漠狐有着与躯体不相称的，大而薄的耳朵。北极狐的体长比沙漠狐稍长，但是耳朵却小很多。

沙漠狐薄而大的耳朵上分布着许多血管，有利于把体内的热量排出去，以防在炎热的沙漠中体温过高。而对于生活在寒冷地带的北极狐来说，短小的耳朵有利于其保存体内的热量。

沙漠狐和北极狐的皮毛的颜色也有很大的差异。沙漠狐金黄色的皮毛可以让它们在沙漠中没有那么显眼，而北极狐夏天是褐色、冬天会变成白色的皮毛可以帮助它们在极地隐身。

哪里相似？

在极端环境中生活的沙漠狐和北极狐也有共同点。

那就是脚掌上都有毛。沙漠狐多亏脚掌上有毛，可以在滚烫的沙漠上愉快地奔跑；北极狐也是多亏有脚掌上的毛，可以在冰雪上奔跑自如。

另一个共同点就是都长有浓密的毛。

沙漠狐虽然毛不及北极狐多，但也不少。浓密的毛可以帮助沙漠狐抵挡白天炎热的阳光和晚上的寒冷。沙漠狐的耳朵里也长了毛，可以保护耳朵不受风沙的伤害。

沙漠狐

北极狐

什么是适应?

适应指的是生物的形态结构、生理功能和生活习惯等,与其赖以生存的环境条件相适应的现象。沙漠狐适应了沙漠,北极狐适应了北极,才会有今天这般不同的样子。

植物们也会适应周围环境而拥有像大叶、小叶、宽叶、窄叶、针叶、鳞叶、浮水叶等各种各样的叶子。耳朵、眼睛、鼻子、皮肤、四肢、翅膀、牙齿、指甲、皮毛、花、果实、种子、根部、茎干、叶子等,生物几乎所有的组织器官都是在适应环境的过程中,逐渐变成现在的样子的,而且这样的变化还在持续进行。

舌头也会适应吗?

像舌头这样简单的器官也经历了适应的过程吗?

答案是肯定的。

长颈鹿可以用近 60 厘米的舌头来卷住树上的叶子,津津有味地吃掉。花蜜长舌蝠可以用比自己身体还要长、类似吸管的舌头来吸吮花蜜。蓝舌蜥蜴会伸出深蓝色的舌头来威胁敌人。鹦鹉会用结实的舌头将种子从磕开的坚果中取出。狗的体温上升时会伸出舌头喘气来散热。人类会通过舌头的灵活运动说话。

很有趣吧?动物们在适应生活环境的过程中形成了各种各样的舌头呢。

舌头也经过了适应的过程啊!

犄角太大了!

雄性驼鹿以坚韧而优雅的鹿角闻名,但它们也会因为这巨大的角而遭遇困境。为了把犄角养得更大,驼鹿的骨骼会变得脆弱,腿骨容易断裂。

但是即使这么危险,驼鹿们也要供养着巨大的角,这一切都是为了在繁殖期间的搏斗中击退同性驼鹿。

孔雀或极乐鸟等鸟类甘愿冒着被猛兽盯上的危险而拥有华丽的羽毛,也是因为这样有利于找到配偶。

像这样,把有利于找到配偶的特征传给后代的过程叫**性选择**。有些科学家认为这个过程也是适应的一部分。

重点笔记

适应是生物的形态结构、生理功能、生活习惯等,与其赖以生存的环境条件相适应的现象。

生物们在适应生活环境的过程中拥有了现如今多样的特征。

· 惊奇问答 ·

地雀之间有什么不同?

生活在科隆群岛的地雀,因祖先在不同的岛上生活,适应了各个岛上不同的食物,逐渐演变成不同的种类。

这种适应使地雀的哪个部位有了巨大的变化呢?

1 羽毛的颜色

2 翅膀的长度

3 鸟喙的模样和大小

答案: 3

不同的地雀之间可以看到的最大差异,就是适应不同食物种类的各种各样的鸟喙。

这么多书该怎么分类？

生物分类

义务教育科学课程标准
生物具有区别于非生物的特征

义务教育生物课程标准
对生物体进行科学分类

义务教育生物课程标准
生物分为不同的类群

我们一家人都很喜欢读书，

还喜欢买书。

可是随着家里的书越来越多，

找书也变得越来越困难。

今天我们一起开了个书籍分类会议。

我们决定首先区分好是谁买的书，

再按照各自的规则给书籍分类。

妈妈和爸爸决定把诗集、小说和

其他书籍按时间顺序分类。

那我该怎么分类呢？

要不要按照喜爱程度的顺序呢？

图书分类需要标准！

家里的书籍可以随意定个标准进行分类，但是图书馆的书籍是怎样分类的呢？

如果图书管理员把所有书都按自己的想法随意分类的话，肯定会变得很混乱。

中国的图书馆按照汉语拼音字母和阿拉伯数字相结合的分类法，进行书籍的分类。

具体方法是，将书籍分为五大部分 22 个基本大类，即一个字母代表一个大类，以字母顺序反映大类的序列，在字母后用数字表示大类下类目的划分。所有的图书馆都会以同样的标准进行分类，所以很方便读者查找。

生物是如何被分类的？

地球上的生物种类繁多，生物分类是一件不容易的事情。所以要制定出一个所有人都认可的标准，一个基于自然而非人为的标准。

科学家们基于生物固有的特征，如身体结构、是否有光合作用、如何繁衍后代等，制定出了生物的分类方法。

这样，所有人就可以按照这个标准对生物进行分类。

目前，科学家之间仍对一些细节的分类存在意见分歧。

随着不断发现新的事实，分类标准也在变化。

毕竟这个标准最终是由人定的。

如果是让我随意分类会怎样？

兔子、猫、牛、马、猪、麻雀、金鱼、鸡、狗、松鼠、仓鼠、老鼠、青蛙、壁虎。

我会把这些动物这样分类：

兔子、猫、鸡、狗、松鼠、金鱼、青蛙为一类，牛、马、猪、麻雀、仓鼠、老鼠、壁虎为一类。

猜猜我的标准是什么？我是按我们家饲养过的动物和没有饲养过的动物进行分类的。

其实我也有点困惑。以前在家里发现过老鼠，是不是应该说养过它呢，真是苦恼。

鱼类 　　两栖类 　　哺乳类

爬行类 　　鸟类

如何科学地分类？

如果按科学标准进行分类，上面的动物可以分为五大类——鱼类、两栖类、哺乳类、爬行类、鸟类。

这些动物有一个共同点，都是有脊椎骨的脊椎动物。如果加上蚂蚁的话，就会分为无脊椎动物和脊椎动物两个类群。

科学家们通过观察生物的特征，寻找异同，以此为基础制定标准，对生物进行科学分类，以便更系统地了解生物间的远近关系等。

生物的分类单位是什么?

生物分类的基本单位是**种**，最大的单位是**界**。以"种—属—科—目—纲—门—界"的顺序，范围逐渐扩大。比如，按此顺序对人类进行分类，那就是"人种—人属—人科—灵长目—哺乳纲—脊索动物门—动物界"。

五界学说把地球上所有的生物分为动物界、植物界、真菌界、原生生物界、原核生物界五个界。动物界是动物，植物界是进行光合作用的植物，真菌界就是霉菌和菇类。原生生物是简单的真核生物，包括藻类和原生动物。原核生物是细胞内无细胞核的生物，比如细菌。

重点笔记

科学家以身体结构、有无光合作用、繁殖方法、遗传基因等生物固有特征为标准，对生物进行分类。对生物进行分类，可以帮助我们系统地了解生物，了解生物间的远近关系。

· 惊奇问答 ·

如何重新划分五大界?

如果把动物界、植物界、真菌界、原生生物界、原核生物界的五大界大体分为两个群体，该如何分类呢?

① 动物界 ｜ 植物界,真菌界,原生生物界,原核生物界

② 动物界,植物界,真菌界 ｜ 原生生物界,原核生物界

③ 动物界,植物界,真菌界,原生生物界 ｜ 原核生物界

答案: 3

动物界、植物界、真菌界、原生生物界的共同点就是细胞内有细胞核。而属于原核生物界的原核生物的细胞内是没有细胞核的。

地球上的生命是怎样诞生的？

生命的历史

义务教育科学课程标准
生物的进化

义务教育生物课程标准
多种多样的生物是自然选择长期进化的结果

我去参观了自然历史博物馆，

我还看到了只在书上见过的恐龙化石。

哇，博物馆真的是太壮观了。

博物馆里展示的地球诞生瞬间的样子震撼到了我，

那时候，地球到处都是沸腾着的熔岩，

空气中充满了刺鼻的气味，

无法令任何生物呼吸，天空射下来有害光线。

在这样可怕的地方，怎么可能会有生命活下来？

后来地球上到底发生了什么事，

会有这么多生命出现在地球上呢？

地球上发生了什么事？

乍一看，好像我们周围的自然环境并没有什么太大的变化。高高的天空，山和田野，池塘和湖泊，溪流和河川，大海，动植物以及微生物。

但是研究地球环境的科学家们发现，自地球诞生以来，地球板块一直在运动。

由地球内部的原因导致地壳运动、地壳结构改变的机械运动叫**地壳运动**。

地壳运动会造成生物的生存环境发生巨大变化。

为适应变化多端的环境，生物们也经历了一系列的变化过程，而这样的变化过程被完好地记录在化石上。

什么是化石？

很久以前，人们就在地下发现过各种奇怪的骨骼和犄角之类的东西，它们和活着的动物们的骨骼、犄角、牙齿都不同。古代的人类认为它们是巨人、怪物或想象中的动物留下的。

但是约 300 年前，博物学研究开始蓬勃发展，人们逐渐明白这其实是古生物的遗骸。

古代生物的遗体、遗物或遗迹埋藏在地下变成的跟石头一样的东西，叫**化石**。大部分化石可以在沉积岩、煤炭、火山灰、冰等物质中发现。现在也有很多科学家通过研究各种各样的化石来探秘生命的历史。

生命神秘诞生！

地球约在 46 亿年前诞生。

在那之后，地球逐渐冷却，下了很多雨。

雨水在大地上积聚，最终形成广阔的大海。

然后有一天，大海里神奇地出现了生命——一个非常非常小而简单的细胞生命体诞生了。

那是距今约 38 亿年发生的事情。

生命体发生了什么？

最初的生命体依靠吞食周围的物质得以生存。生命体逐渐变大，一个细胞分成两个。接着两个细胞分成四个，再分成八个，这样不断重复之后，生命体变得越来越多。许多生命体被吞噬，相互融为一体再分裂。就这样，随着新细胞的形成，生命体变得越来越多样化。

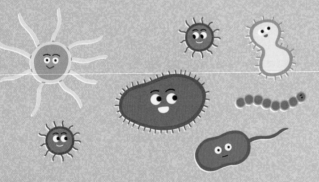

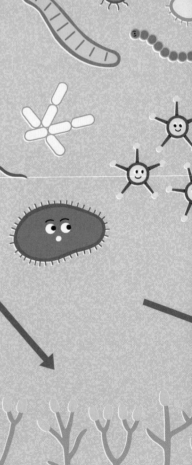

谢谢你，绿色生物！

在最初的生命体从不同的细胞中分裂出的小细胞中，有一种细胞拥有叫叶绿素的绿色物质。

有叶绿素的细胞可以只依靠阳光、二氧化碳、水就能生存。这个小细胞遇到其他细胞后变成了植物细胞。这就是给所有生物提供氧气和营养物质的植物的祖先。

团结就是胜利！

在过去很长一段时间里，所有的生命体都是由一个细胞组成的单细胞生物。约10亿年前，开始出现由多个细胞组成的多细胞生物。多细胞生物的优势就在于不同细胞分工合作。

从虫子到哺乳类动物

后来经过漫长的岁月，多细胞生物进化出柔软的虫子，再由虫子进化出鱼类，由鱼类进化出两栖类，再从爬行类进化出鸟类和哺乳类。

在漫长的岁月中，地球环境经历了各种各样的变化，出现了越来越复杂的生命体，生物也变得越来越多样化。

· 惊奇问答 ·

地质时代的顺序是什么？

从地球诞生之后到人类可以用文字留下记录前的时间段叫"地质时代"。

地质时代以被发现的化石为基础，大体分为五类。来试一试按时间顺序排列以下时期。

1 太古代
2 元古代
3 古生代
4 中生代
5 新生代

答案：1, 2, 3, 4, 5

太古代，诞生了最初的生命体，并出现了多细胞生物。元古代，生物界由原核生物演变为真核生物，占主导地位的是菌类、藻类。古生代，鱼类、两栖类繁盛，爬行类登场。中生代，像恐龙这样的爬行类繁盛，哺乳类登场。新生代，哺乳类和鸟类繁盛，人类出现了。

重点笔记

化石是古地质时代保留下来的生命遗骸或遗迹。许多科学家会通过研究化石来探秘生命的历史。最初的生命体是又小又简单的细胞。在地球环境经历各种各样的变化过程中，出现了复杂的生命体，生物也逐步多样化。

桂图登字：20-2020-003

图书在版编目（CIP）数据

生物大惊奇 / （韩）尹素瑛著；（韩）金成渊绘；李奉熹译. — 南宁：接力出版社，2023.1

（大惊奇科学系列）

ISBN 978-7-5448-7915-6

Ⅰ.①生… Ⅱ.①尹…②金…③李… Ⅲ.①生物−青少年读物 Ⅳ.① Q−49

中国版本图书馆CIP数据核字（2022）第177828号

责任编辑：楚亚男　　装帧设计：许继云　　责任校对：王　蒙　杨　艳
责任监印：郝梦皎　　版权联络：金贤玲
社长：黄　俭　　总编辑：白　冰
出版发行：接力出版社　　社址：广西南宁市园湖南路9号　　邮编：530022
电话：010-65546561（发行部）　　传真：010-65545210（发行部）
网址：http://www.jielibj.com　　E-mail：jieli@jielibook.com
经销：新华书店　　印制：北京利丰雅高长城印刷有限公司
开本：787毫米×1092毫米　1/16　　印张：9　字数：100千字
版次：2023年1月第1版　　印次：2023年1月第1次印刷
定价：59.00元

审图号：GS（2022）4982号
本书地图系原书插附地图